GIS 空间分析实验教程

刘美玲　卢　浩　编著

科 学 出 版 社

北　京

内 容 简 介

本书是《GIS 空间分析》的配套实验教材。全书共 15 个实验，内容涉及空间位置特征分析、空间拓扑关系分析、空间变异特征分析、数字地形分析和空间分析并行计算等，侧重空间对象量算、空间关系查询、选址分析、追踪分析、探索性数据分析、网络分析、地形分析、插值分析、叠加分析、缓冲区分析和 GIS 与专业模型集成等多种 GIS 空间分析方法。全书由浅入深引导读者掌握 GIS 空间分析方法与 GIS 桌面软件操作。同时，本书各章内容又保持相对独立，读者可视情况自由选择。

本书可作为高等学校地理科学、遥感科学与技术、地理信息科学等专业本科生和研究生实验教材，也可供相关专业和科技人员参考。

图书在版编目（CIP）数据

GIS 空间分析实验教程 / 刘美玲，卢浩编著. —北京：科学出版社，2016.11
ISBN 978-7-03-050673-3

Ⅰ. ①G⋯ Ⅱ. ①刘⋯ ②卢⋯ Ⅲ. ①地理信息系统 Ⅳ. ①P208

中国版本图书馆 CIP 数据核字（2016）第 276878 号

责任编辑：杨 红 程雷星 / 责任校对：贾伟娟
责任印制：师艳茹 / 封面设计：陈 敬

科 学 出 版 社 出版
北京东黄城根北街 16 号
邮政编码：100717
http://www.sciencep.com
北京市密东印刷有限公司 印刷
科学出版社发行 各地新华书店经销
*
2016 年 11 月第 一 版 开本：787×1092 1/16
2018 年 1 月第二次印刷 印张：14
字数：367 000

定价：**49.00 元**
（如有印装质量问题，我社负责调换）

前　言

　　空间分析是地理信息系统(geographic information system，GIS)的灵魂。GIS空间分析工具的有效使用既依赖于对GIS基本理论知识的理解，又依赖于对GIS空间分析方法的掌握。GIS空间分析学习中，除了系统的理论知识之外，运用GIS空间分析方法解决实际应用问题也是地理信息科学专业学生必须掌握的技能。SuperMap GIS是北京超图软件股份有限公司开发的地理信息系统平台软件，包含多种大型GIS基础平台软件和应用平台软件。SuperMap GIS系列产品居国内领先水平，代表了国内GIS平台软件未来的发展趋势，并具有跨平台、高性能、二三维一体化、云端一体化等优势。本书基于SuperMap GIS产品家族中的桌面GIS软件设计空间分析各实验内容。

　　本书以应用为目标，通过设计典型的实验问题，让读者理解GIS空间分析的基本思路，掌握GIS空间分析的主要方法。本书共15个实验，实验1～9为专项实验，其中实验1～5针对空间位置特征分析和空间关系分析设计，侧重空间对象量算、空间关系查询、选址分析、追踪分析等内容；实验6是空间相关性分析，主要是对空间数据进行插值与分析；实验7和实验8是数字地形分析的应用；实验9通过空间分析并行计算案例，让读者理解数据密集计算的基本途径。实验10～15为综合性实习：一方面要求学生学会对实际问题进行抽象，找到解决问题的各种可能途径；另一方面要求将网络分析、地形分析、插值分析、缓冲分析等GIS空间分析功能综合应用。本书的主要特色是，问题取材广泛，涉及人口、经济、资源、环境、灾害、旅游、选址规划和城市建设等众多领域，强调GIS空间分析应用的广泛性；实验设计完整，除实验步骤外，还包含实验要求、实验分析、实验目标、实验方案设计、实验报告、练习题和思考题等内容，便于读者更好地实习、巩固和拓展课堂讲授内容。全书以实验问题为导向，以任务为驱动，以空间数据、空间分析方法、综合应用为重点，突出操作方法与过程，通过一系列专项和综合实验的练习，培养学生GIS软件操作能力，以及运用GIS空间分析工具解决实际应用问题的能力，加深学生对GIS空间分析相关理论知识的理解。本实验教材力求科学性、系统性、实用性与易读性结合，以满足GIS空间分析实验教学的要求。

　　本书由中国地质大学(北京)刘美玲副教授和北京超图软件股份有限公司卢浩博士共同编写。中国地质大学(北京)刘湘南教授对本书的大纲设计提出了宝贵的意见，北京超图软件股份有限公司图书编委会的辛宇，以及超图空间分析研发团队的范善策、刘芳、龙争、张念娟、耿靖、李晓坤等对技术和数据提供了大力的支持和帮助。在此一并表示衷心的感谢！

　　由于编者水平有限，书中不妥之处在所难免，敬请读者批评指正。

编　者

2016年9月

教材使用说明

  本实验教材包括 15 章和附录。每章为一个独立的实验，包括实验要求、实验分析、实验目标、实验数据、实验方案设计、实验步骤、练习题、实验报告、思考题等几个部分。其中前五部分(实验要求、实验分析、实验目标、实验数据、实验方案设计)为读者介绍了本实验所针对的问题、设立的意义，以及如何运用 GIS 空间分析功能解决该问题。"实验步骤"介绍了使用 GIS 软件完成实习内容的详细步骤。为了帮助读者加深对实验内容的理解，熟练掌握实验方法，还设置了练习题、实验报告、思考题三个部分。建议读者根据练习题独立进行实验操作，并完成实验报告和相关思考题。

  本教材具体内容包括：实验 1 土地类型分布特征统计；实验 2 全球人口和资源分布特征分析；实验 3 超市选址规划；实验 4 河流污染物分析；实验 5 旅游信息综合查询；实验 6 海域表面温度插值与时空特征分析；实验 7 果树种植区域选择；实验 8 城市高层住宅选址规划；实验 9 并行计算与 GPU 计算；实验 10 道路事故分析与路径计算；实验 11 动物生境选择；实验 12 购房区位评估；实验 13 矿区成矿预测；实验 14 公园选址规划；实验 15 洪涝灾害评估；参考答案；附录。其中，附录包括 SuperMap GIS 概览、数据组织结构、数据转换处理与查询、基本操作、SuperMap iDesktop 许可安装。

  教材为每个实验配备了电子版的实验报告和相关实验数据，读者可通过 http://www.ecsponline.com 网站检索图书名称，在图书详情页"资源下载"栏目中获取，如有问题可发邮件到 dx@mail.sciencep.com 咨询。对于 SuperMap GIS 软件，读者可以登录 http://support.supermap.com.cn/common/DataforGISAnalysisTutorial.zip 下载。对于数据内容的介绍，读者可以参考每个章节的"实验数据"部分；实验操作所需的 SuperMap GIS 软件(SuperMap iDesktop)，读者可以根据开展实验的具体计算机环境选择 64 位或 32 位版本。该软件为绿色版，可以直接解压使用(软件会自动进行许可驱动安装，详见附录 5)。

  在学习过程中读者若遇到与本书有关的技术问题，可以发电子邮件到邮箱 support@supermap.com，或者访问博客 http://blog.csdn.net/supermapsupport/，编者会尽快给予解答。

目　　录

实验 1　土地类型分布特征统计

1.1　实 验 要 求

根据某市土地类型分布图：

(1) 计算各地类的斑块数和平均斑块大小。

(2) 计算各地类两两间的公共边长度，说明各地类间的依存关系。

(3) 计算城市内不同等级道路长度、各地类范围内道路的总长度及道路密度。

(4) 分析说明各地类在区域中的分布特征。

1.2　实 验 分 析

空间对象的几何参数和形态参数是描述其空间特征的重要指标，也是 GIS 进行深层次分析及制定决策的基础信息。在现实世界中，许多地理问题的求解都涉及空间对象的量算与统计，如区域的人口中心、经济中心、区域交通密度、生态稳定性评估、道路长度计算等。较复杂的特征参数量算一般需要先通过自身属性信息的查询计算，再结合图层间的叠加、查询、计算等方法来获取。本实验以土地利用类型为例，希望通过学习能使学生掌握空间对象特征参数量算的具体方法。一些几何参数，如各地类的斑块数及各斑块面积通过自有属性信息查询即可获取；另外一些几何参数，如各地类平均斑块大小、各地类的总面积和各斑块中心、重心等可以通过新建字段、计算和查询等功能实现；还有一些如密度几何参数，它表征空间对象在一个面状或体状区域内的疏密分布程度，可能涉及多图层计算，需要通过叠加分析来实现。需要注意的是，实验中有时需要考虑数据的投影系统、比例尺等数学特征设置，以保证多个数据源的数学基础统一。

1.3　实 验 目 标

(1) 掌握地理空间目标几何参数量测方法。

(2) 掌握地理空间目标几何关系分析与计算。

1.4　实 验 数 据

<LandUse>：某市土地利用类型数据。

<Street>：某市道路数据。

<LandUse_2005>：某区域 2005 年土地利用类型数据。

<LandUse_2015>：某区域 2015 年土地利用类型数据。

1.5　实 验 方 案 设 计

(1) 通过 SQL 属性查询计算目标形状的自有属性信息，如统计土地面积和道路长度。

(2)通过属性更新、融合和边界线提取等功能提取目标形状的关联依附信息，如统计不同土地类型的公共线等。

(3)通过专题图展示目标形状的空间位置信息，如各地类在区域中的分布特征。

1.6　实　验　步　骤

打开 SuperMap iDesktop，点击【开始】，选择数据源中的【打开】，选择【文件型】，在【打开数据源】对话框中选择实验数据<Ex1.udb>。

1.6.1　计算斑块数目和大小

SQL 查询。在主菜单中，点击【数据】→【查询】→【SQL 查询】按钮，弹出【SQL 查询】对话框(图 1.1)。【参与查询的数据】选择<LandUse>数据；【查询模式】选择【查询属性信息】。

光标定位到【查询字段】栏，【字段信息】窗口选择土地类型字段"LandUse.LU_ABV"，【查询字段】栏立即更新了查询结果字段；【常用函数】中选择【聚合函数】，下拉列表选择"Count"，【查询字段】栏添加了 Count()函数，并且光标在括号内等待输入进行计数的字段；【字段信息】窗口选择土地类型字段"LandUse.LU_ABV"，【查询字段】栏添加更新内容，此处为"Count(LandUse.LU_ABV) as Field_1"，为了更准确地表达查询结果，将"Field_1"手动改写为"LandCount"，表示要统计土地类型的数目；【常用函数】中选择【聚合函数】，下拉列表选择"Avg"，【查询字段】栏又添加了 Avg()函数，并且光标在括号内等待输入求平均值的字段；【字段信息】窗口选择土地面积字段"LandUse.AREA"，【查询字段】栏再次添加更新内容，此处为"Avg(LandUse.AREA) as Field_1"，为了更准确地表达查询结果，将"Field_1"手动改写为"LandAvgArea"，表示要统计不同土地类型的平均面积。

光标定位到【分组字段】栏；【字段信息】窗口选择土地类型字段"LandUse.LU_ABV"，即按照土地类型分组；【结果显示】选择【浏览属性表】，并保存查询结果。

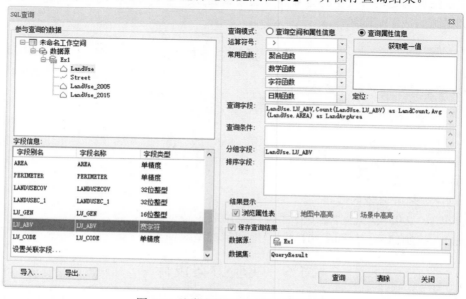

图 1.1　地类斑块统计 SQL 查询设置

点击【查询】，一张反映各种土地类型数目和平均大小的属性表就生成了（图 1.2）。

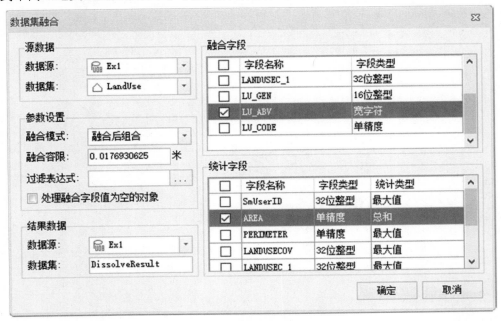

序号	SmID	SmUserID	LU_ABV	LandCount	LandAvgArea
1	1	0	OPS	21	62559.22
2	2	0	IND	46	74726.875
3	3	0	TNS	64	69496.5547
4	4	0	COM	163	33840.66
5	5	0	AGR	117	148427.859
6	6	0	RES	273	100578.07
7	7	0	VAC	197	196371.078

记录数：0/7　　字段类型：

图 1.2　地类斑块统计 SQL 查询结果

1.6.2　计算地类依存关系

1. 数据集融合

点击【数据】→【矢量】→【融合】按钮，弹出【数据集融合】对话框（图 1.3）。在【源数据】中选择<LandUse>数据集；【融合模式】设置为【融合后组合】，【融合容限】使用数据集默认容限；【融合字段】框中字段选择土地类型"LU_ABV"；【统计字段】框中字段选择土地面积"AREA"，并双击字段对应的【统计类型】选项，选择"总和"，从而可以得到不同土地类型的面积总和；设置结果数据集名称，此处保持默认。

图 1.3　融合参数设置

点击【确定】，得到各类型地块的面数据集（图 1.4）。从该融合结果也可以清晰地回答"各地类在城市中的分布方位"的问题。

图 1.4　数据集融合结果

2. 提取边界线

点击【数据】→【矢量】→【提取边界线】按钮，弹出【提取边界线】对话框；设置结果数据边界线数据集名称，此处为"BorderLine"；【拓扑预处理】选项是可选项，一般建议选择该项；选择预处理后，点击【确定】按钮执行提取，土地类型边界线提取结果如图1.5 所示。

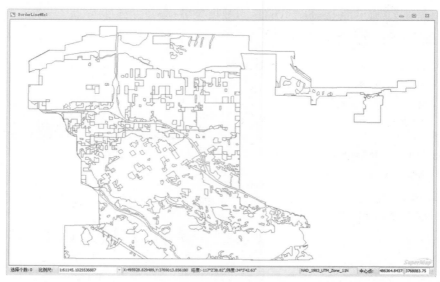

图 1.5　土地类型边界线提取结果

3. SQL 查询

点击【数据】→【查询】→【SQL 查询】按钮，弹出【SQL 查询】对话框(图1.6)。【参与查询的数据】选择刚生成的边界线结果数据集<BorderLine>；【查询模式】选择【查询属性信息】。

　　光标定位到【查询字段】空白栏；【字段信息】窗口依次选择"SmTopoLPolygon"和 "SmTopoRPolygon"字段；【常用函数】中选择【聚合函数】，下拉列表选择"Sum"；【查询字段】栏添加了 Sum（）函数，并且光标在括号内等待输入求和的字段；【字段信息】窗口选择"SmLength"字段；【查询字段】栏添加更新内容，此处为"Sum（BorderLine.SmLength） as Field_1"，将"Field_1"手动改写为"BorderLength"，表示要统计道路边界长度。

　　将光标定位到【分组字段】栏；【字段信息】窗口选择"SmTopoLPolygon"和 "SmTopoRPolygon"字段进行分组；【结果显示】选择【浏览属性表】，并保存查询结果。

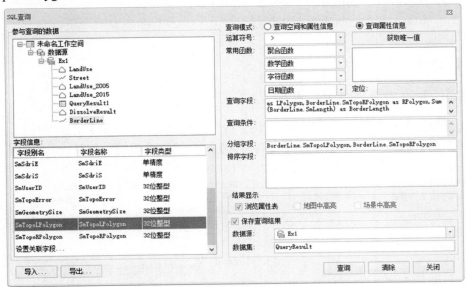

图 1.6　地类边界长度统计 SQL 查询设置

点击【确定】，执行查询，即得到一张任意两种类型土地的边界长度属性表（图 1.7）。

序号	SmID	SmUserID	LPolygon	RPolygon	BorderLength
1	1	0	884	882	703.310746
2	2	0	0	882	286.500002
3	3	0	886	882	1132.44084
4	4	0	887	882	12411.522214
5	5	0	885	882	2288.317559
6	6	0	888	882	5151.510911
7	7	0	885	883	7085.836667
8	8	0	886	883	3038.253714
9	9	0	887	883	3888.113833
10	10	0	884	883	6761.051351
11	11	0	885	883	4782.520626
12	12	0	888	883	19016.92092

记录数：0/27　字段类型：

图 1.7　地类边界长度属性表

整理数据如表 1.1 所示。

表 1.1　　各地类公共边长度统计表

	AGR	COM	IND	OPS	RES	TNS	VAC
AGR							
COM	7852.78						
IND	3038.25	7085.84					
OPS	1132.44	2288.32	0.00				
RES	43312.11	43129.03	3888.11	12411.52			
TNS	13123.09	6953.61	6761.05	703.31	11654.04		
VAC	69194.96	22273.25	19016.92	5151.51	121898.86	52908.10	

1.6.3　计算城市道路信息

1. SQL 查询不同等级道路长度

点击【数据】→【查询】→【SQL 查询】按钮，弹出【SQL 查询】对话框（图 1.8）。【参与查询的数据】选择<Street>数据；【查询模式】选择【查询属性信息】。

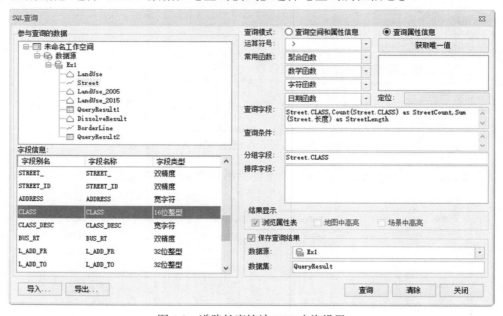

图 1.8　道路长度统计 SQL 查询设置

光标定位到【查询字段】空白栏；【字段信息】窗口选择道路等级字段"Street.CLASS"；【常用函数】中选择【聚合函数】，下拉列表选择"Count"，【查询字段】栏添加了 Count（）函数，并且光标定位到了括号内；【字段信息】窗口选择道路等级字段"Street.CLASS"，【查询字段】栏添加更新内容，此处为"Count（Street.CLASS）as Field_1"，将"Field_1"手动改写为"StreetCount"，表示要统计不同道路等级的数目；【常用函数】中选择【聚合函数】，下拉列表选择"Sum"，【查询字段】栏又添加了 Sum（）函数，并且光标定位到了括号内；【字段信息】窗口选择道路长度字段"Street.长度"，【查询字段】栏再次添加更新内容，此处为"Sum（Street.长度）as Field_1"，将"Field_1"手动改写为"StreetLength"，表示要统计不同道路等级的总长度。

　　将光标定位到【分组字段】栏；【字段信息】窗口选择道路等级字段"Street.CLASS"，即按照道路等级分组；【结果显示】选择【浏览属性表】，并保存查询结果。

　　点击【确定】，一张反映不同等级道路数目和长度的属性表就生成了(图1.9)。

序号	SmID	SmUserID	CLASS	StreetCount	StreetLength
1	1	0	1	86	24065.132884
2	2	0	9	54	14235.871484
3	3	0	2	26	5026.717658
4	4	0	4	561	98483.129549
5	5	0	3	203	38446.818098
6	6	0	5	2285	352289.969835
7	7	0	0	5	1592.635222

记录数: 0/7　字段类型:

图1.9　道路长度数目和长度属性表

2. 通过属性更新的方法统计道路密度

　　首先，进行属性更新：点击【数据】→【矢量】→【属性更新】按钮，弹出【属性更新】对话框(图1.10)。在【提供属性的数据】中，选择1.6.2节"1. 数据集融合"中进行融合的结果数据集<DissolveResult>；【目标数据】中选择<Street>数据集；【字段设置】选项中，勾选土地类型字段"LU_ABV"，并双击对应的【目标字段】选项，选择"新建字段"；同上，再勾选各类型土地总面积字段"AREA_Sum"。

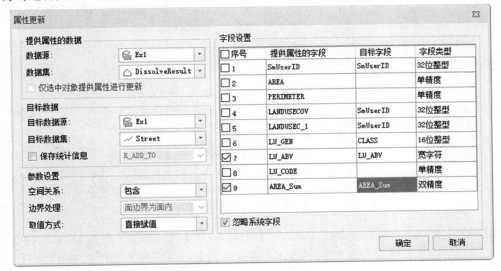

图1.10　属性更新设置

　　点击【确定】，执行属性更新，则土地类型和面积信息被更新到道路数据集<Street>中，属性更新结果如图1.11所示。

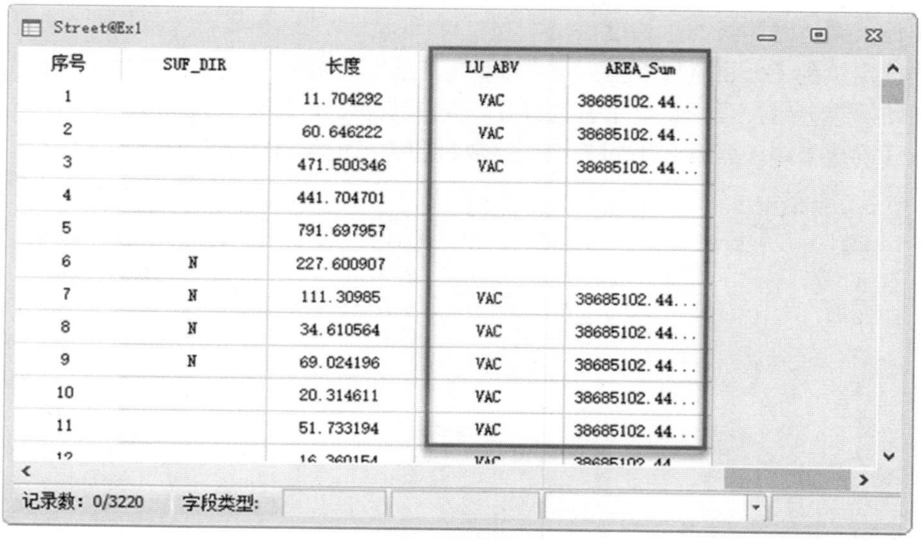

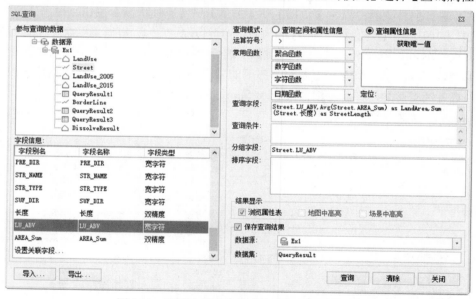

图 1.11　属性更新结果

其次，使用 SQL 查询：点击【数据】→【查询】→【SQL 查询】按钮，弹出【SQL 查询】对话框（图 1.12）。【参与查询的数据】选择<Street>数据；【查询模式】选择【查询属性信息】。

图 1.12　不同地类道路长度统计 SQL 查询设置

光标定位到【查询字段】空白栏；【字段信息】窗口选择更新的土地类型字段 "Street.LU_ABV"；【常用函数】中选择【聚合函数】，下拉列表选择 "Avg"，【查询字段】栏添加了 Avg()函数，并且光标定位到了括号内；【字段信息】窗口选择更新的土地面积字段 "Street.AREA_Sum"，【查询字段】栏添加更新内容为 "Avg(Street.AREA_Sum) as Field_1"，将 "Field_1" 手动改写为 "LandArea"，表示要统计不同类型土地的总面积（思考：为什么用 Avg 聚合算子）；【常用函数】中选择【聚合函数】，下拉列表选择 "Sum"，【查询字段】栏又添加了 Sum()函数，并且光标定位到了括号内；【字段信息】窗口选择道路长度字段"Street.长度"，【查询字段】栏再次添加更新内容，此处为"Sum(Street.长度) as Field_1"，将"Field_1"手动改写为"StreetLength"，表示要统计道路的总长度。

将光标定位到【分组字段】栏；【字段信息】窗口选择更新的土地类型字段"Street.LU_ABV"，即按照土地类型分组；【结果显示】选择【浏览属性表】，并保存查询结果；点击【查询】，生成了一张不同地类道路长度属性表。

最后，统计道路密度：点击右键选中上步生成的属性表，选择【属性】选项，切换到【属性表结构】选项卡；点击添加属性字段<Density>，用来存储道路长度和土地面积的比值，点击【应用】；双击打开结果属性表，右键点击新建的字段属性列 Density；选择【更新列】，弹出【更新列】对话框(图 1.13)，在【数值来源】栏选择【双字段运算】，【第一运算字段】选择"StreetLength"字段，【运算方式】选择"除(/)"，【第二运算字段】选择"LandArea"字段。道路密度运算方程式为道路长度(StreetLength)除以地类面积(LandArea)，即不同地类单位面积所对应的道路长度。

图 1.13　更新列设置

点击【应用】即可得到一张属性更新后的道路密度属性表(图 1.14)。

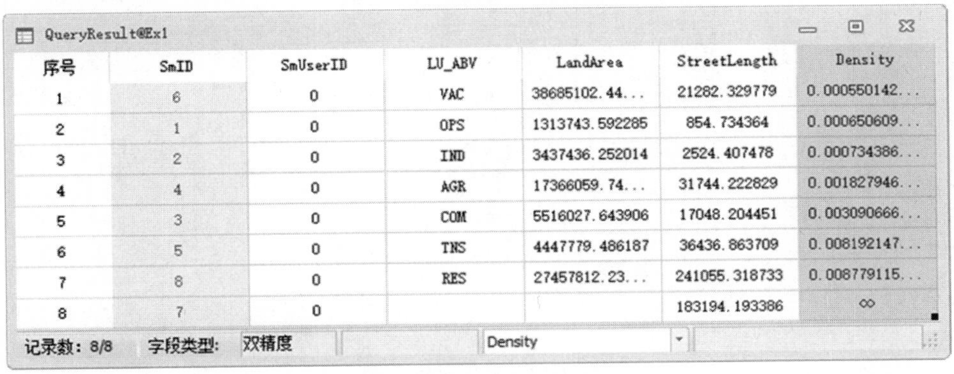

序号	SmID	SmUserID	LU_ABV	LandArea	StreetLength	Density
1	6	0	VAC	38685102.44...	21282.329779	0.000550142...
2	1	0	OPS	1313743.592285	854.734364	0.000650609...
3	2	0	IND	3437436.252014	2524.407478	0.000734386...
4	4	0	AGR	17366059.74...	31744.222829	0.001827946...
5	3	0	COM	5516027.643906	17048.204451	0.003090666...
6	5	0	TNS	4447779.486187	36436.863709	0.008192147...
7	8	0	RES	27457812.23...	241055.318733	0.008779115...
8	7	0			183194.193386	∞

记录数: 8/8　字段类型: 双精度　Density

图 1.14　属性更新后的道路密度统计结果

3. 通过叠加分析的方法统计道路密度

首先，进行数据集叠加分析：点击【分析】→【矢量分析】→【叠加分析】按钮，弹出【叠加分析】对话框[图 1.15(a)]。在图 1.15(a)左边对话框栏选择【求交】叠加算子；右边对话框在【源数据】栏的【数据集】下拉框中选择<Street>；在【叠加数据】的【数据集】下拉框中选择 1.6.2 节 "1. 数据集融合" 中进行融合的结果数据集<DissolveResult>。

　　设置叠加结果数据源的位置和结果数据集名称，此处保持默认；点击【字段设置】按钮，弹出【字段设置】对话框[图 1.15（b）]；分别选择来自源数据和叠加数据的属性字段作为结果数据集的字段信息保留：在【来自源数据的字段】下选择道路 "长度" 字段，在【来自叠加数据的字段】下选择土地类型字段 "LU_ABV" 和土地面积字段 "AREA_Sum"，点击【确定】按钮，回到【叠加分析】对话框；【容限】根据数据情况设置，此处保持默认；在【进行结果对比】前打勾。

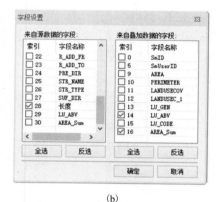

(a)　　　　　　　　　　　　　　　　　(b)

图 1.15　叠加分析设置

　　执行叠加分析，结果直接展示在地图窗口中（图 1.16）。为了更好更细致地看到不同土地类型道路的分布情况，可以使用专题图进行数据表达。在【图层管理器】窗口，右键结果数据集<IntersectResult>，选择【制作专题图】；选中【单值专题图】→【默认】选项，点击【确定】。

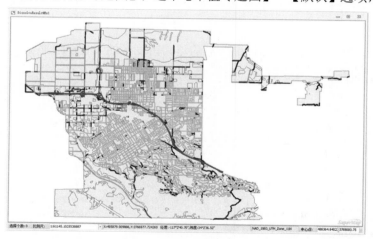

图 1.16　叠加分析结果

　　在地图窗口右侧弹出专题图对话框中的【属性】栏的【表达式】下拉框中，选择土地利用类型字段 "IntersectResult.LU_ABV"，专题图效果立即呈现在地图窗口中，不同土地类型的道路使用不同的颜色标识，可以清晰地看到各个土地类型的道路分布情况。

　　其次，进行 SQL 查询和道路密度统计：方法同 "通过属性更新的方法统计道路密度" 中对应的步骤，不过这次是针对叠加分析的结果数据<IntersectResult>进行的。同样，可以得到一张反映不同土地类型内的道路密度属性表(图1.17)。

序号	SmID	SmUserID	LU_ABV	LandArea	StreetLength	Density
1	1	0	IND	3437436.252014	21250.476013	0.006182071...
2	2	0	OPS	1313743.592285	15700.056732	0.011950624...
3	3	0	AGR	17366059.74...	82147.405547	0.004730342...
4	4	0	TNS	4447779.486187	67785.247968	0.015240244...
5	5	0	COM	5516027.643906	84818.168375	0.015376675...
6	6	0	VAC	38685102.44...	127153.785563	0.003286892...
7	7	0	RES	27457812.23...	371907.777625	0.013544698...

QueryResult@Ex1

记录数: 7/7　字段类型: 双精度　　　Density

图 1.17　叠加分析道路密度统计结果

1.6.4　计算地类分布方位

制作专题图。双击<LandUse>数据集在地图窗口中打开；在【图层管理区】中点击右键打开的<LandUse>数据集下拉列表中选择【制作专题图】，点击弹出【制作专题图】对话框；选中【单值专题图】→【默认】，点击【确定】；在地图窗口右侧弹出专题图对话框中的【属性】→【表达式】下拉框中选择土地利用类型字段"LandUse.LU_ABV"，专题图效果立即呈现在地图窗口中(图1.18)。

图 1.18　土地利用类型专题图

各种土地类型使用不同的颜色标识，可以清晰地看到各个土地类型在城市中的分布情况。由专题图可以看出，地类"AGR"大部分分布在城市东西部，中部较少；地类"COM"分布在城市中部偏左；地类"IND"大部分分布在城市中部偏左地区；地类"OPS"分布在城市中部；地类"RES"在城市中部分布较多；地类"TNS"分布较为均匀；地类"VAC"分布较广且均匀。

1.7　练　习　题

运用<LandUse_2005>和<LandUse_2015>土地利用类型数据：

(1)统计 2015 年较 2005 年土地利用类型增加部分的类型和各类型面积；

(2)统计 2015 年较 2005 年土地利用类型减少部分的类型和各类型面积。

1.8　实　验　报　告

(1)根据实验数据，计算各地类的斑块数和平均斑块大小，完成表 1.2。

(2)根据实验数据，统计不同地类不同等级道路的密度，完成表 1.3。

表 1.2　各地类斑块数和平均斑块大小

土地类型	斑块数	平均斑块大小
AGR		
COM		
IND		
OPS		
RES		
TNS		
VAS		

表 1.3　不同地类不同等级道路的密度

道路等级 ＼ 土地类型	AGR	COM	IND	OPS	RES	TNS	VAC
0							
1							
2							
3							
4							
5							
9							
Sum							

(3)为统计不同地类不同等级道路的密度，写出详细的操作步骤。

(4)根据<LandUse_2005>和<LandUse_2015>土地利用数据，完成表 1.4。

表 1.4　各土地利用类型分类面积及变化

土地利用类型	2005 年土地利用类型面积	2015 年土地利用类型面积	土地利用类型净变化量	土地利用绝对变化率
水田				
水浇地				
公路用地				
采矿用地				
旱地				
铁路用地				
设施农用地				
其他草地				
其他林地				
村庄				
总面积				

土 地 利 用 类 型 净 变 化 量： $S_d = \mathrm{LU}_b - \mathrm{LU}_a$ 。 土 地 利 用 绝 对 变 化 率：
$S_a = \dfrac{\mathrm{LU}_b - \mathrm{LU}_a}{S} \times 100\%$ 。式中， LU_b 为 2015 年某地类面积； LU_a 为 2005 年某地类面积； S 为 2005 年土地利用类型面积总和。

1.9　思　考　题

(1)计算各地类的斑块数和平均斑块大小中，如果不是统计各类土地的平均面积，而是统计各类土地的总面积，应该使用什么聚合算子？尝试统计各类土地类型的总面积。

(2)计算城市内不同地类不同等级道路的密度中，统计道路密度的属性更新方法和叠加分析方法结果有差异，为什么？哪种能更好地反映道路密度情况？

(3)计算各地类两两间的公共边长度，说明各地类间的依存关系中，数据集融合的方式选择了【融合后组合】，是否可以选择只【融合】或只【组合】选项，有什么区别？

(4)在实验"计算各地类两两间的公共边长度，说明各地类间的依存关系"中，【提取公共线】操作可以提取不同地类间的公共线部分，如何统计各地类不共线部分的长度？

实验 2 全球人口和资源分布特征分析

2.1 实 验 要 求

在实验提供的数据基础上，进行下述分析。

(1)计算各国人口和首都人口分布情况。

(2)计算各国河流长度和分布情况。

(3)计算各国湖泊面积和分布情况。

(4)计算各国陆地(除去湖泊)面积。

2.2 实 验 分 析

　　地理对象之间可能涉及较为复杂的空间关系，而空间位置关系是空间关系的重要组成部分。现实世界中，空间位置关系的分析为国家经济建设和管理决策提供了重要参考。本实验以全球人口和资源分布统计为例，讲述空间位置关系查询与计算的一般思路与方法。空间位置关系查询与计算通常利用叠加分析功能，采用空间逻辑交、逻辑并、逻辑差、异或等叠加算子来实现，这些算子分别对应 GIS 软件中的求交、合并、裁剪和擦除等工具。实验要求(1)～(3)分别利用点面、线面和面面叠加分析进行几何和属性信息的提取，既可以通过求交，也可以通过裁剪工具实现；实验要求(4)可以运用面面叠加分析的求交或擦除工具实现。空间信息查询除了上述空间关系查询之外，还有图形与属性互查和地址匹配查询等内容。

　　本实验是对实验 1 的扩展与深入，实验 1 侧重单一图层空间对象的量算与 SQL 属性查询，本实验不仅包括空间对象几何量算，还牵涉空间关系查询。例如，统计各国河流长度和分布，需要使用矢量数据叠加分析功能。在叠加分析中，需要确保两组或多组专题要素的图形或数据文件是同一地区、同一比例尺、同一数学基础。

2.3 实 验 目 标

(1)了解叠加分析的基本原理与方法。

(2)掌握地理对象的空间关系及查询方法。

2.4 实 验 数 据

<World>：世界国家数据。

<Capital>：国家首都数据。

<Rivers>：世界河流数据。

<Lakes>：世界湖泊数据。

<Province>：中国行政区划数据。

<GDP>：中国各时期经济数据。

2.5　实验方案设计

(1)使用点数据集与面数据集的叠加分析"求交"算子和 SQL 查询,进行人口分布统计。
(2)使用线数据集与面数据集的叠加分析"求交"算子和 SQL 查询,进行河流分布统计。
(3)使用面数据集与面数据集的叠加分析"求交"算子和 SQL 查询,进行湖泊分布统计。
(4)使用面数据集与面数据集的叠加分析"擦除"算子和 SQL 查询,进行陆地分布统计。

2.6　实　验　步　骤

打开 SuperMap iDesktop,点击【开始】,选择数据源中【打开】,选择【文件型】,在【打开数据源】对话框中选择实验数据<Ex2.udb>。

2.6.1　人口分布统计

1. 叠加分析

点击【分析】→【矢量分析】→【叠加分析】按钮,弹出【叠加分析】对话框(图 2.1)。在左边框选择【求交】叠加算子;在右边框【源数据】的【数据集】下拉框中选择<Capital>;在【叠加数据】的【数据集】下拉框中选择<World>;设置叠加结果数据源的位置和结果数据集名称,此处保持默认。点击【字段设置】按钮,弹出【字段设置】对话框,分别选择来自源数据和叠加数据的属性字段作为结果数据集的字段信息保留;在【来自源数据的字段】下选择"CAPITAL""COUNTRY"和"CAP_POP",即首都名称、国家名称和首都人口数量,在【来自叠加数据的字段】下选择"POP_1994",点击【确定】。

回到【叠加分析】对话框,【容限】根据数据情况设置,此处保持默认;勾选【进行结果对比】。

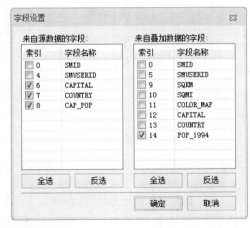

图 2.1　点面数据叠加分析参数设置

点击【确定】按钮执行叠加分析,执行完成后,叠加结果数据和原始叠加操作数据一起加载到当前窗口。在【图层管理器】中点击右键结果数据集"IntersectResult",点击【关联浏览属性表】,可以看到属性表中已经包含了各个国家和首都的名称和人口字段(图 2.2)。

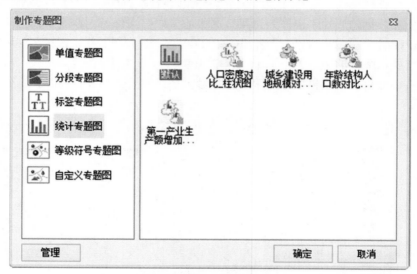

序号	CAPITAL	CAP_POP	COUNTRY	POP_1994
1	维尔纽斯	582000	立陶宛	3786560
2	明斯克	1650000	白俄罗斯	10521400
3	都柏林	1140000	爱尔兰	5015975
4	柏林	5061248	德国	81436300
5	阿姆斯特丹	1860000	荷兰	15447470
6	华沙	2323000	波兰	37911870
7	伦敦	11100000	英国	56420180
8	布鲁塞尔	2385000	比利时	10032460
9	基辅	2900000	乌克兰	53164920
10	布拉格	1325000	捷克	10321120
11	巴黎	9775000	法国	57757060
12	维也纳	1875000	奥地利	7755406

记录数: 0/161   字段类型:

图 2.2　点面数据叠加分析结果

2. 制作专题图

点击右键叠加分析结果数据集"IntersectResult",选择【制作专题图】,点击弹出【制作专题图】对话框(图2.3),选择【统计专题图】中的【默认】。

图 2.3　制作人口密度专题图

点击【确定】,地图窗口右侧显示专题图对话框;【统计图类型】选择"环状图",【统计值计算方法】选择"平方根";【表达式】分别添加首都人口(CAP_POP)和国家人口(POP_1994)字段。可以看到,专题图效果立即呈现在了地图窗口中(确保启用了实时刷新)(图2.4)。明显看到,中国和印度的总人口数量较多。

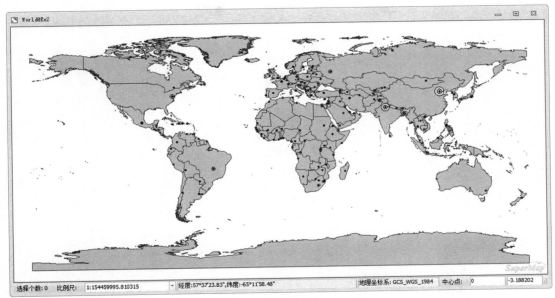

图 2.4   人口密度专题图

2.6.2   河流分布统计

1. 叠加分析

点击【分析】→【矢量分析】→【叠加分析】按钮，弹出【叠加分析】对话框(图 2.5)。选择【求交】算子；设置【源数据】中的【数据集】为<Rivers>；设置【叠加数据】中的【数据集】为<World>；设置结果数据集名称，此处保持默认。

点击【字段设置】弹出【字段设置】对话框；在【来自源数据的字段】下选择"NAME"，即河流名称，在【来自叠加数据的字段】下选择"COUNTRY"，即国家名称，点击【确定】。回到【叠加分析】对话框，【容限】保持默认；勾选【进行结果对比】。

图 2.5   线面数据叠加分析参数设置

点击【确定】按钮执行叠加分析，执行完成后，叠加结果数据和原始叠加操作数据一起加载到当前窗口(图 2.6)。在【图层管理器】中点击右键结果数据集"IntersectResult"，点击

【关联浏览属性表】，可以看到属性表中已经包含了国家名称和河流名称字段；将 COUNTRY 字段排序，可选择浏览任何国家的河流分布情况。

序号	SmTopoError	SmGeometrySize	NAME	COUNTRY
1	0	4424	Kolyma	俄罗斯
2	0	440	Parana	巴西
3	0	568	Parana	巴拉圭
4	0	1624	Parana	巴拉圭
5	0	2360	Parana	阿根廷
6	0	2952	San Francisco	巴西
7	0	5512	Japura	哥伦比亚
8	0	2508	Japura	巴西
9	0	1308	Putumayo	哥伦比亚
10	0	352	Putumayo	厄瓜多尔
11	0	1752	Putumayo	秘鲁
12	0	712	Putumayo	巴西

记录数：0/216   字段类型：

图 2.6   线面数据叠加分析结果

2. 专题图表达

点击右键叠加分析结果数据集"IntersectResult"，选择【制作专题图】，点击弹出【制作专题图】对话框，使用【默认】选项即可，点击【确定】，地图窗口右侧弹出专题图对话框（图 2.7）；在【属性】栏的【表达式】下拉框中选择国家名称<COUNTRY>，专题图效果立即呈现在地图窗口，各个国家的河流使用不同的颜色标识，可以清晰地看到各个国家的河流分布情况。

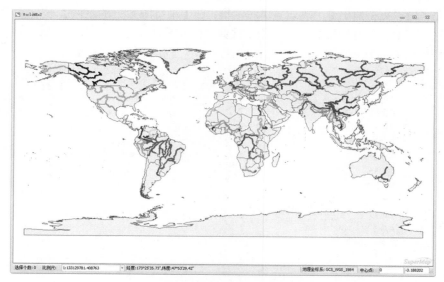

图 2.7   线面数据叠加分析专题图

3. SQL 查询

在主菜单中，点击【数据】→【查询】→【SQL 查询】按钮，弹出【SQL 查询】对话框

（图 2.8）。【参与查询的数据】选择叠加分析的结果数据"IntersectResult"；【查询模式】选择【查询属性信息】；光标定位到【查询字段】空白栏，在【字段信息】窗口选择国家字段"COUNTRY"，【查询字段】栏立即更新了结果字段；【常用函数】中选择【聚合函数】，下拉列表选择"Sum"，此时【查询字段】栏更新内容为 Sum()，光标定位到括号内，要求输入求和的字段；【字段信息】窗口选择河流长度字段"SmLength"，【查询字段】栏更新内容，此处为"Sum(IntersectResult.SmLength) as Field_1"，为了更准确表达结果，将"Field_1"手动改写为"Length"。

光标定位到【分组字段】栏，在【字段信息】窗口选择国家字段"COUNTRY"，即按照国家分组；【结果显示】选择【浏览属性表】，并保存查询结果。

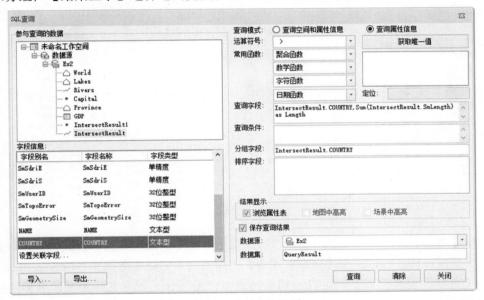

图 2.8　SQL 查询设置

点击【确定】。得到的结果属性表已经汇总了各个国家河流的总长度。可以将字段 Length 倒序排列，得到河流总长度排名靠前的国家（图 2.9）。

序号	SmID	SmUserID	COUNTRY	Length
1	64	0	俄罗斯	34134993.25...
2	12	0	巴西	24162155.36...
3	46	0	中华人民共和国	17773648.33...
4	55	0	美国	17180402.46...
5	65	0	加拿大	10282079.76...
6	3	0	秘鲁	5186325.866...
7	59	0	扎伊尔	5033492.547...
8	10	0	哥伦比亚	4841984.768...
9	61	0	苏丹	4521080.617...
10	38	0	哈萨克斯坦	3562330.134...
11	45	0	缅甸	3110658.805...
12	36	0	印度	2959299.225...

记录数：65/65　字段类型：双精度　　　　Length

图 2.9　SQL 查询结果

2.6.3 湖泊分布统计

1. 叠加分析

点击【分析】→【矢量分析】→【叠加分析】按钮，弹出【叠加分析】对话框（图 2.10）。选择【求交】算子；设置【源数据】中的【数据集】为<Lakes>；设置【叠加数据】中的【数据集】为<World>；设置结果数据集名称，此处保持默认；点击【字段设置】弹出【字段设置】对话框；在【来自源数据的字段】下选择"NAME"，即湖泊名称，在【来自叠加数据的字段】下选择"COUNTRY"，即国家名称，点击【确定】。回到【叠加分析】对话框，【容限】保持默认，勾选【进行结果对比】。

图 2.10　面面数据叠加分析参数设置

点击【确定】按钮执行叠加分析，执行完成后，叠加结果数据和原始叠加操作数据一起加载到当前窗口（图 2.11）；在【图层管理器】中用右键点击结果数据集"IntersectResult"，再点击【关联浏览属性表】，可以看到属性表中已经包含了国家名称和湖泊名称字段；将"COUNTRY"字段排序，可选择浏览任何国家的湖泊分布情况。

序号	SmPerimeter	SmGeometrySize	NAME	COUNTRY
1	525639.466284	8072	Lake Titicaca	玻利维亚
2	711332.619429	9324	Lake Titicaca	秘鲁
3	616613.386919	1520	Lake Nyasa	莫桑比克
4	1705215.517902	4208	Lake Nyasa	马拉维
5	1339734.730885	3944	Lake Tangan...	扎伊尔
6	249015.926928	952	Lake Tangan...	赞比亚
7	1150646.5937	3464	Lake Tangan...	坦桑尼亚
8	299123.182039	840	Lake Tangan...	布隆迪
9	1660486.78101	5324	Lake Victoria	坦桑尼亚
10	569668.363403	1960	Lake Victoria	肯尼亚
11	920367.13801	2712	Lake Victoria	乌干达

记录数: 0/58　字段类型:

图 2.11　面面数据叠加分析结果

2. 专题图表达

同样为了更好地表达河流分布情况，可以使用专题图（图 2.12）。此处使用默认单值专题图，专题图【表达式】使用国家名称<COUNTRY>。

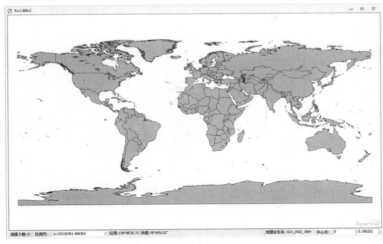

图 2.12　面面数据叠加分析专题图

3. SQL 查询

在主菜单中，点击【数据】→【查询】→【SQL 查询】按钮，弹出【SQL 查询】对话框（图 2.13）；【参与查询的数据】选择叠加分析的结果数据"IntersectResult"；【查询模式】选择【查询空间和属性信息】；光标定位到【查询字段】空白栏，在【字段信息】窗口选择国家字段"COUNTRY"，【查询字段】栏立即更新了结果字段；在【常用函数】中选择【聚合函数】，下拉列表选择"Sum"，此时【查询字段】栏更新内容为"Sum()"，光标定位到括号内，要求输入求和的字段；左侧【字段信息】窗口选择湖泊面积字段"SmArea"，此时【查询字段】栏更新内容，此处为"Sum(IntersectResult.SmArea) as Field_1"，为了更准确表达结果，将"Field_1"手动改写为"Area"；为了得到湖泊数目，可以继续在【常用函数】中选择【聚合函数】，下拉列表选择"Count"，还可以选择其他聚合字段，此处不再赘述。

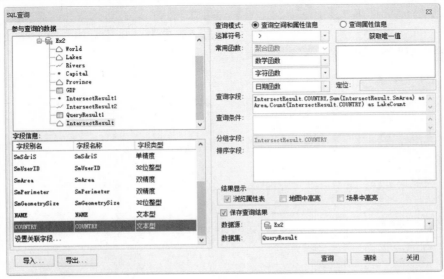

图 2.13　SQL 查询设置

光标定位到【分组字段】栏，在【字段信息】窗口选择国家字段，即按照国家分组；【结果显示】选择【浏览属性表】，并保存查询结果，点击【确定】。得到的结果属性表汇总了各个国家湖泊的总面积。按照面积字段排序，加拿大是湖泊众多且湖泊总面积最大的国家(图 2.14)。

序号	SmID	SmUserID	COUNTRY	Area	LakeCount
1	25	0	加拿大	21696434082...	16
2	22	0	美国	16322736135...	7
3	19	0	哈萨克斯坦	15048682032...	4
4	24	0	俄罗斯	12211982383...	4
5	20	0	土库曼斯坦	82829377466...	1
6	21	0	阿塞拜疆	78376881476...	1
7	18	0	伊朗	60295605033...	2
8	7	0	坦桑尼亚	49499065210...	2
9	9	0	乌干达	32686963947...	2
10	4	0	马拉维	22101666983...	1
11	8	0	扎伊尔	17236523063...	2
12	17	0	乌兹别克斯坦	11792944534...	1

记录数: 25/25　　字段类型: 双精度　　　　　　　　Area

图 2.14　SQL 查询结果

2.6.4　陆地(除去湖泊)面积统计

图 2.15　面面数据叠加分析设置

1. 叠加分析

点击【分析】→【矢量分析】→【叠加分析】按钮，弹出【叠加分析】对话框(图 2.15)；选择【擦除】算子；设置【源数据】中的【数据集】为<World>；设置【叠加数据】中的【数据集】为<Lakes>；设置结果数据集名称，此处保持默认；字段此时为灰色，表示不用设置，默认保留了源数据的所有字段；【容限】保持默认。

点击【确定】，执行叠加分析，结果如图 2.16 所示。

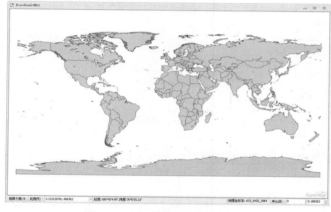

图 2.16　面面数据叠加分析结果

2. SQL 查询

在主菜单中，点击【数据】→【查询】→【SQL 查询】按钮，弹出【SQL 查询】对话框（图 2.17）；【参与查询的数据】选择叠加分析的结果数据"EraseResult"；【查询模式】选择【查询属性信息】；光标定位到【查询字段】空白栏，在【字段信息】窗口选择国家字段"COUNTRY"，【查询字段】栏立即更新了结果字段；在【常用函数】中选择【聚合函数】，下拉列表选择"Sum"，此时【查询字段】栏更新内容为"Sum()"，光标定位到括号内，要求输入求和的字段；在左侧【字段信息】窗口选择面积字段"SmArea"，此时【查询字段】栏更新内容，此处为"Sum(EraseResult.SmArea) as Field_1"，为了更准确表达结果，将"Field_1"手动改写为"Area"。光标定位到【分组字段】栏，在【字段信息】窗口选择国家字段，即按照国家分组。

【结果显示】选择【浏览属性表】和【保存查询结果】。

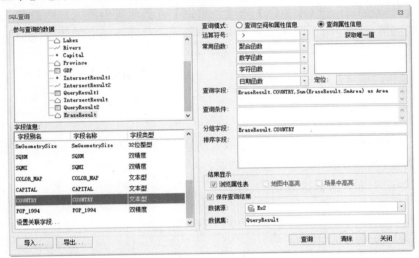

图 2.17　SQL 查询设置

点击【确定】。得到的结果属性表汇总了各个国家和地区陆地(除去湖泊)的总面积(图2.18)。按照面积字段排序，俄罗斯是世界上陆地(除去湖泊)面积最大的国家，我国位居第三。

序号	SmID	SmUserID	COUNTRY	Area
1	192	0	俄罗斯	16883109992300.828
2	21	0	南极地区	12403155829360.523
3	71	0	加拿大	9735985107314.8672
4	25	0	中华人民共和国	9470132989057.7129
5	72	0	美国	9302620411966.3574
6	67	0	巴西	8472303737594.6348
7	10	0	资大利亚	7686940044567.8379
8	26	0	印度	3082620903499.5518
9	14	0	阿根廷	2780989198642.8
10	83	0	哈萨克斯坦	2691696876097.1729
11	106	0	苏丹	2486947025725.4495
12	153	0	阿尔及利亚	2317482443007.9634

记录数：192/192　字段类型：双精度　　　　Area

图 2.18　SQL 查询结果

2.7　练　习　题

(1) 根据世界 200 多个国家和地区的行政区划数据，结合前面的实验 1，回答以下问题：①计算中国、俄罗斯、加拿大和美国人口数量、人均河流、人均湖泊和人均陆地；②计算人口密度位居世界前 5 名的国家；③计算世界人口重心；④查找世界上最长的河流——尼罗河穿越哪些国家。

(2) 根据中国各个时期(1990 年、1995 年、2000 年、2005 年、2014 年)的人口和 GDP 数据，结合前面的实验 1，回答以下问题：①统计中国各时期各经济区的 GDP 增长率和人均 GDP；②统计中国各时期各经济区的人口密度和增长率；③统计中国各时期人口重心与经济重心。

备注 1：人口与经济重心体现了人口和经济在不同时间和空间条件下的分布规律。此处求取重心借用物理学中求取物体质心的方法，各个省份的位置信息用面数据转点数据表示，【工具】→【类型转换】→【面数据】→【点数据】，各个省份的人口数量和 GDP 总量代表其人口和经济情况，存储于属性信息当中，求取人口和经济重心的数学模型如下：

$$x_t = \frac{\sum\limits_{i=1}^{n} x_i w_i}{\sum\limits_{i=1}^{n} w_i} \qquad y_t = \frac{\sum\limits_{i=1}^{n} y_i w_i}{\sum\limits_{i=1}^{n} w_i}$$

式中，x_t 和 y_t 分别为第 t 年全国人口重心或经济重心的经度和纬度；x_i 和 y_i 为各省份的经度和纬度；w_i 为各省份的人口数量或 GDP 总量。

备注 2：中国十大经济区区划(表 2.1)。

表 2.1　中国十大经济区区划

经济区	所辖省份
华北环渤海	北京市、天津市、河北省、山东省
黄河中游	山西省、内蒙古自治区、陕西省、河南省
东北	辽宁省、吉林省、黑龙江省
长江三角洲	上海市、江苏省、浙江省
南方沿海	福建省、广东省、广西壮族自治区、海南省
长江中游	湖北省、湖南省、江西省、安徽省
长江上游	重庆市、四川省、贵州省、云南省
黄河上游	青海省、甘肃省、宁夏回族自治区
新疆	新疆维吾尔自治区
西藏	西藏自治区

2.8　实　验　报　告

(1) 根据实验结果数据统计四国人均占有陆地面积、河流长度和湖泊面积，并完成表 2.2。

表 2.2　四国人口、人均河流、人均湖泊和人均陆地统计（1994 年）

	人口数量	人均河流	人均湖泊	人均陆地
中国				
俄罗斯				
加拿大				
美国				

(2)统计中国各时期各经济区的 GDP 增长率和人均 GDP（表 2.3）。

表 2.3　中国各时期各经济区的 GDP 增长率和人均 GDP

经济区	GDP 增长率/%				人均 GDP/元				
	1995 年	2000 年	2009 年	2014 年	1990 年	1995 年	2000 年	2009 年	2014 年
东北									
长江三角洲									
华北环渤海									
长江中游									
南方沿海									
长江上游									
西藏									
黄河中游									
黄河上游									
新疆									

(3)统计中国各时期各经济区的人口密度和增长率（表 2.4）。

表 2.4　中国各时期各经济区的人口密度和增长率

经济区	增长率/%				人口密度/(人/km^2)				
	1995 年	2000 年	2009 年	2014 年	1990 年	1995 年	2000 年	2009 年	2014 年
东北									
长江三角洲									
华北环渤海									
长江中游									
南方沿海									
长江上游									
西藏									
黄河中游									
黄河上游									
新疆									

(4)统计中国各时期的人口和经济重心(表 2.5)。

表 2.5　中国各时期的人口和经济重心

年份	人口重心	经济重心
1990		
1995		
2000		
2009		
2014		

(5)世界上最长的河流——尼罗河穿过的国家：_____

_____。

(6)1990～2014 年中国人口增长率最高的 5 个省级行政区：_____。

(7)人口密度位居世界前 5 名的国家：_____。

2.9　思　考　题

(1)在统计各个国家河流总长度的案例中，是否可以使用裁剪算子？为什么？相比使用求交算子有何区别？

(2)叠加分析的结果数据类型与源数据类型相关还是和叠加数据类型相关？

(3)请分析以下场景都适合使用什么叠加算子进行计算？①运用北京市的行政边界图和全国的土地利用图，得到北京市的土地利用图。②运用中国植被分类图与中国土壤类型图，得到植被类型为针叶林且土壤类型为红壤的区域。③运用北京市两个不同时期的土地利用类型图，提取出土地利用类型始终没有发生变化的部分和发生变化的部分。④运用全国土地利用类型图和退耕还林分布图，得到退耕还林后的全国土地利用情况。

实验 3　超市选址规划

3.1　实验要求

运用道路网络数据集，在已有设施(即选址分析中的中心点)基础上，规划新建场所的地理位置，依据两种选址模式。

(1)现有一家大型超市，计划再开一家超市，经过实地考察，选出了 3 个地点作为新开超市的备选位置。为了使新开超市的覆盖范围最大，通过选址分区普通选址模式确定出新开超市的位置及其覆盖的范围。根据备选地点服务能力设定其最大权值(最大权值表示该中心点可以服务的最长路网距离)，各超市的最大权值分别为：现有超市，最大权值 1000；备选超市 1，最大权值 800；备选超市 2，最大权值 1500；备选超市 3，最大权值 1200。

(2)现有一家医院，计划再开设多家医院，实现道路网络数据全部可以被医院服务范围覆盖，现有 3 个备选地点，通过选址分区最少中心点模式确定出哪些地方开设医院可以满足要求。

3.2　实验分析

资源分配包括定位与分配问题，定位是指已知需求源的分布，确定在哪里布设供应点最合适的问题，如公共设施的定位；分配是指已知供应点，确定其为哪些需求源提供服务的问题，如应急资源(公安、消防设施)的分配。

选址分析是指在某一区域内选择设施位置的计算过程。选址问题的基础是对已有中心点(如医院、邮局、商场)服务范围的测算，新建的中心点尽可能考虑在已有中心点未覆盖的区域内，从而使得较少的设施覆盖尽可能多的区域。本实验基于交通网络数据，讲述运用普通选址和最少中心点选址两种模式来解决选址问题。普通选址过程需要使用者指定候选集合数目，算法以最大覆盖为条件进行求解；最少中心点模式不需要指定候选集合数目，算法以全部覆盖为条件进行求解。因而，实验要求(1)和(2)分别适合采用普通选址和最少中心点选址。

3.3　实验目标

(1)理解网络分析中"距离"的内涵。
(2)了解选址分析中各个参数的含义及其在选址中的作用。
(3)掌握不同的选址模式在解决设施选址问题中的应用条件。

3.4　实验数据

<Network1>：用于超市选址的路网数据。

<Network2>：用于医院选址的路网数据。

<Network3>：用于银行选址的路网数据。

<SuperMarket>：超市数据。

<Hospital>：医院数据。

<Bank>：银行数据。

3.5   实验方案设计

（1）以城市路网数据为基础，利用网络分析中的选址分区功能，使用"普通模式"从 3 个备选超市中挑选出覆盖范围最大的新增超市位置，并得到覆盖情况。

（2）以城市路网数据为基础，利用网络分析中的选址分区功能，使用"最少中心点模式"从 3 个备选医院中挑选出可以覆盖整个网络范围的新增医院位置，并得到覆盖情况。

3.6   实 验 步 骤

打开 SuperMap iDesktop，点击【开始】，选择数据源中【打开】，选择【文件型】，在【打开数据源】对话框中选择实验数据<Ex3.udb>。

3.6.1   选址分区普通模式

1. 查看网络数据并设置分析参数

双击【工作空间管理器】中的网络数据集<Network1>，在地图窗口中查看数据（图 3.1）。

在菜单栏中选择【分析】→【网络分析】→【选址分区】，并勾选【实例管理】和【环境设置】（图 3.2）。

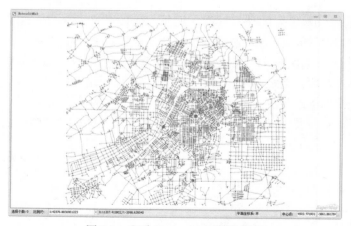

图 3.1   查看 Network1 网络数据集

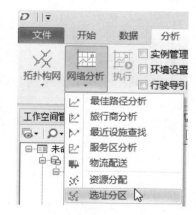

图 3.2   选址分区选项

【环境设置】窗口可以修改分析参数。

2. 设置分析点计算分析结果

在【实例管理】中点击右键选择【中心点】，选择【中心点管理】（图 3.3）。

　　点击导入按钮 ，弹出【导入结点】对话框，在对话框中选择<SuperMarket>数据集，然后点击【确定】(图 3.4)。

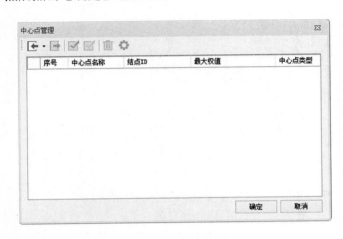

图 3.3　中心点管理　　　　　　　　　　　　图 3.4　导入中心点

　　在【中心点管理】弹出框中点击【确定】(图 3.5)。

　　在【实例管理】中点击【参数设置】按钮 ⚙，弹出【选址分区参数设置】窗口，在该窗口中【期望中心点数】设置为 2，然后点击【确定】(图 3.6)。

图 3.5　超市中心点管理　　　　　　　　　　图 3.6　超市选址分区参数设置

　　在【实例管理】中点击执行按钮 ▶，在地图中查看结果，此时得到的结果为两个中心点的覆盖范围，其中包括一个固定中心点和一个可选中心点(图 3.7)。

　　输出窗口中描述了一共有多少个需求点被覆盖到。由于已知超市最大权值为 1000，而最大权值表示从中心点出发可以到达或者以中心点为目的地能到达的最大的耗费，同时选址分区的结果是为了保证分析结果的覆盖面最大，所以经过计算，得到添加备选超市 2 覆盖面最大。

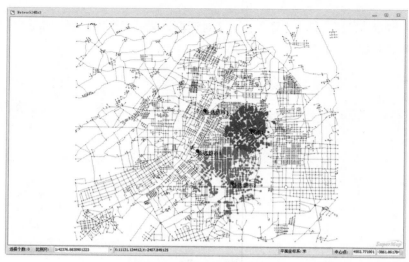

图 3.7　超市选址分区结果

3.6.2　选址分区最少中心点模式

1. 查看网络数据

双击【工作空间管理器】中的网络数据集<Network2>，在地图窗口中查看数据（图 3.8）。

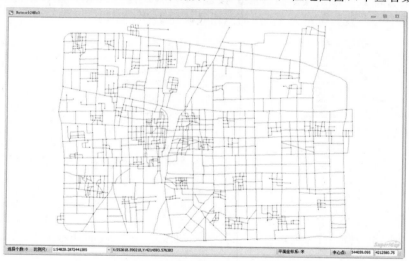

图 3.8　查看 Network2 网络数据集

在菜单栏中选择【分析】→【网络分析】→【选址分区】按钮，并勾选【实例管理】和【环境设置】。

2. 设置分析点计算分析结果

按照普通模式的步骤设置分析参数，在【中心点管理】窗口中导入<Hospital>，并点击【确定】（图 3.9）。

在【实例管理】中点击参数设置按钮 ⚙，弹出【选址分区参数设置】窗口，在该窗口中勾选【最少中心点模式】，然后点击【确定】（图 3.10）。

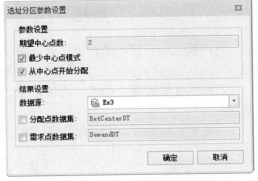

图 3.9　中心点管理　　　　　　　　图 3.10　医院选址分区参数设置

在【实例管理】中点击执行按钮 ▶，在地图中查看结果，此时使用最少的中心点将全部网络覆盖（图 3.11）。

图 3.11　医院选址分区结果

在【实例管理】窗口，通过【分析结果】可以看出最后结果使用了哪些中心点来分配（图 3.12）。

从输出窗口中可以看出一共有多少个需求点被覆盖。

3.7　练　习　题

若一座城市已有 6 家银行，现规划新建多家银行，使它们能覆盖全部网络。请确定至少还需要建多少家银行才能满足要求，并输出新建银行位置。提示：网络数据采用数据源中的 <Network3> 数据，采用"SmLength"为阻力，中心点数据为数据源中的

图 3.12　医院选址分区实例管理

<Bank>数据，最大权值和中心点类型均为默认。

3.8　实　验　报　告

(1)根据实验步骤中的超市选址步骤，依照备选超市的位置和规模，计算再选出哪一个新超市可以达到总覆盖面最大，并分析总覆盖的结点数。

(2)根据实验步骤中的医院选址步骤，确认在这三个备选医院中选取哪一个可以使区域全部覆盖。

(3)根据实验数据，完成练习题，编写出实验步骤并保存实验结果。

3.9　思　考　题

(1)选址分区时如果设置的"期望中心点数"少于固定中心点数时，结果会是什么样的，为什么会出现这样的结果？

(2)选址分区参数设置中"从中心点开始分配"是什么意思，会对结果有什么影响？

(3)使用网络数据集<Network1>来进行"最少中心点模式"分析是否可以成功，并思考原因。

实验4 河流污染物分析

4.1 实 验 要 求

运用实验数据进行河流污染物分析，要求如下。

(1)确定污染河道的上游污染源。

(2)查找可能的污染排放位置。

(3)分析污染严重的下游区域。

4.2 实 验 分 析

本实验以河流污染为例，介绍网络分析中的追踪分析。河流网络具有固定的单一流向特征，且流向信息决定了各追踪分析的走向，所以首先需要建立河流追踪分析网络的流向；其次，运用上游追踪确定污染河道的上游污染源；然后，以污染河道为线要素目标，选取某一距离为半径，利用缓冲区分析和空间查询功能，查询出缓冲区中包含的化工厂（即可能的排污口）；最后，运用下游追踪分析计算出污染较为严重的区域。

追踪分析可广泛应用于河流资源管理、河流监测、河流评价、区域流域河流规划和管网分析等众多领域，是河流管理的有效决策支持工具。

网络分析中的连通性分析和流分析在一定程度上也可以解决这类问题。一般来说，连通性分析主要是对网络结点与弧段之间的连通关系进行计算，常用于通信网络的设计；流分析是根据网络元素的性质选择将目标经输送系统由一个地点运送至另一个地点的优化方案，对于交通运输方案的制订、物资紧急调运及管网路线的布设具有重要意义。

4.3 实 验 目 标

(1)掌握网络分析中上游追踪分析、下游追踪分析基本原理与方法。

(2)综合应用设施网络分析、空间查询和缓冲区分析等方法解决河流污染问题。

4.4 实 验 数 据

<waterNet>：二维水系数据。

<Arc>：检测到受污染的河道。

<Factory>：化工厂位置信息。

4.5 实验方案设计

(1)运用单要素上游追踪分析检测污染物的检测点。

(2)对分析结果的弧段(污染的河段)进行缓冲区分析，查询出缓冲区结果范围包含的化工厂。

(3)明确排污超标的化工厂之后进行多要素下游追踪分析，得出受污染较严重的河道范围和数量。

4.6 实 验 步 骤

打开 SuperMap iDesktop，点击【开始】，选择数据源中的【打开】，选择【文件型】，在【打开数据源】对话框中选择实验数据<Ex4.udb>。

4.6.1 追踪分析网络建模

1. 查看当前网络数据集属性

点击右键选择【工作空间管理器】中二维网络数据集<waterNet>，在弹出的下拉菜单中选择【添加到新地图】，在地图窗口中查看数据(图 4.1)。

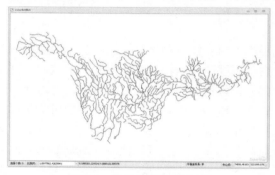

图 4.1 数据集添加到地图

右键【工作空间管理器】中网络数据集<waterNet>，选择【浏览属性表】，查看网络数据属性信息(图 4.2)。没有属性字段"Direction"，即没有流向信息。

2. 创建流向

点击右键选择【工作空间管理器】数据源中网络数据集结点<waterNet_Node>，选择【复制数据集】，弹出【数据集复制】对话框：【目标数据集】设置为"Node"，【编码类型】选择"未编码"，【字符集】选择"UTF-8"。点击【复制】(图 4.3)。

属性

序号	字段名称	别名	字段类型	长度	缺省值	必填
1	*SmID	SmID	32位整型	4		是
2	*SmSdriW	SmSdriW	单精度	4	0	是
3	*SmSdriN	SmSdriN	单精度	4	0	是
4	*SmSdriE	SmSdriE	单精度	4	0	是
5	*SmSdriS	SmSdriS	单精度	4	0	是
6	SmUserID	SmUserID	32位整型	4	0	是
7	*SmResistanceA	SmResistanceA	双精度	8	1	是
8	*SmResistanceB	SmResistanceB	双精度	8	1	是
9	*SmLength	SmLength	双精度	8		是
10	*SmTopoError	SmTopoError	32位整型	4	0	是
11	*SmFNode	SmFNode	32位整型	4	-1	是
12	*SmTNode	SmTNode	32位整型	4	-1	是
13	*SmEdgeID	SmEdgeID	32位整型	4	0	是
14	*SmGeometrySize	SmGeometrySize	32位整型	4	0	否

属性信息
　waterNet
矢量数据集
　waterNet
投影信息
　waterNet
属性表结构
　waterNet
值域信息
　waterNet

添加　　删除　　修改　　☑显示删除警告　　重置　　应用

图 4.2 网络数据集属性表

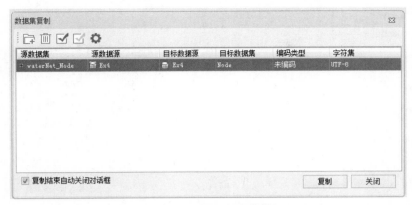

图 4.3　数据集复制参数设置

复制成功后，在【工作空间管理器】数据源中生成点数据集<Node>，该点数据集用于流向创建时使用（图 4.4）。

点击【分析】选项卡，勾选【网络分析】组中【环境设置】（图 4.5）。

图 4.4　生成数据集<Node>

图 4.5　环境设置选项位置

弹出的【环境设置】窗口，该窗口显示了网络数据集<waterNet>基本参数情况，这些参数均可进行手动设置，在本实验中忽略该设置，取默认参数（图 4.6）。

点击创建流向按钮 ⇒▾ ，在其下拉菜单中选择【追踪分析网络建模】，弹出【追踪分析网络建模】对话框，设置：【网络参数】中【数据集】选择"waterNet"，【结点标识字段】选择"SmNodeID"，【弧段标识字段】选择"SmEdgeID"，【起始结点标识字段】选择"SmFNode"，【终止结点标识字段】选择"SmTNode"。【创建流向】中【结点类型字段】选择"NodeType"，【流向字段】选择"Direction"（图 4.7）。

点击导入按钮 ⇐ ，弹出【导入结点】对话框：【源数据】中【数据集】选择"Node"，【结点类型字段】保持默认，【过滤条件】设置为"Node.SmID=109 Or Node.SmID =4"（图 4.8）。

图 4.6　环境设置

图 4.7 追踪分析网络建模

图 4.8 导入结点

过滤条件可通过点击 <u>…</u> 按钮，弹出【SQL 表达式】对话框(图 4.9)。

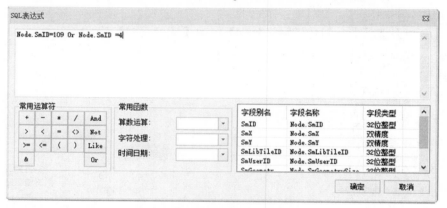

图 4.9 SQL 表达式

  点击【导入结点】对话框中的【确定】按钮，在【追踪分析网络建模】对话框中自动添加结点信息(图 4.10)。设置：【结点标识】"4"的【结点类型】为"源点"，【结点标识】"109"的【结点类型】为"汇点"。点击【确定】，开始生成网络数据集流向。

图 4.10 网络建模参数设置

3. 查看流向信息

点击右键选择【工作空间管理器】中的网络数据集<waterNet>，选择【浏览属性表】，在属性表的最后添加了"Direction"字段，并生成了流向信息，表明创建流向成功，如图 4.11 所示。

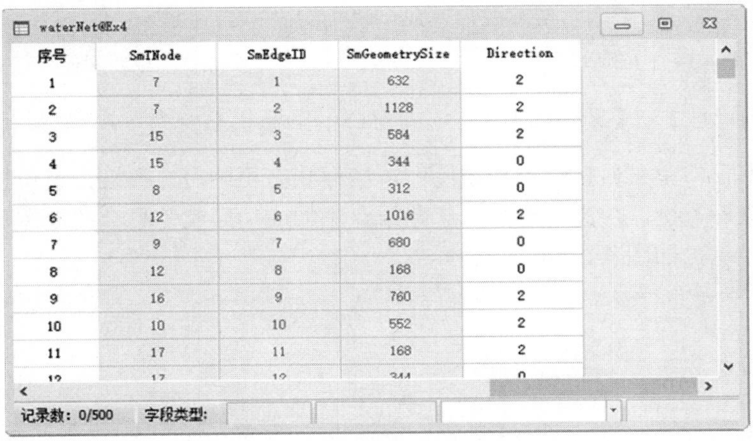

序号	SmTNode	SmEdgeID	SmGeometrySize	Direction
1	7	1	632	2
2	7	2	1128	2
3	15	3	584	2
4	15	4	344	0
5	8	5	312	0
6	12	6	1016	2
7	9	7	680	2
8	12	8	168	0
9	16	9	760	2
10	10	10	552	2
11	17	11	168	2
12	17	12	344	0

记录数: 0/500　字段类型:

图 4.11　网络数据集属性表

4.6.2　上游追踪

1. 单要素上游追踪分析

右键点击【工作空间管理器】中网络数据集<waterNet>，在弹出的下拉菜单中选择【添加到新地图】，在地图窗口中查看数据（图 4.12）。

点击菜单【分析】→【网络分析】，在下拉菜单中选择【单要素追踪分析】（图 4.13）。

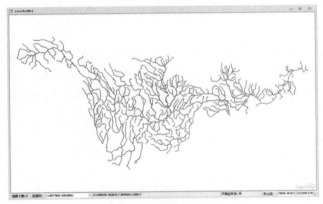

图 4.12　数据集添加到地图

图 4.13　单要素追踪分析选项

弹出【实例管理】控制面板（图 4.14）。点击参数设置按钮 ⚙，弹出【单要素追踪分析设置】对话框：【要素类型】选择"结点"，【分析类型】选择"上游追踪"，勾选【环路有效】。点击【确定】（图 4.15）。

图 4.14　实例管理

图 4.15　单要素追踪分析设置

点击【实例管理】→【起始结点】，地图窗口中鼠标状态变为 ✛⚲，若鼠标状态不为 ✛⚲，在【实例管理】窗口单击鼠标添加按钮 ✚ 。鼠标状态正确后，在地图窗口检测到污染物超标的位置单击鼠标左键添加起始结点。起始结点添加成功后其信息会在地图窗口和实例管理起始结点树中显示，如图 4.16 所示。

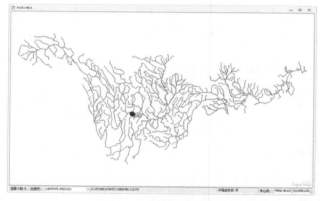

图 4.16　起始结点信息

若起始结点添加不正确，也是可以调整的，调整按钮为鼠标移动 ✛，移动已添加的起始结点位置。

点击【实例管理】中的执行按钮 ▶ ，开始上游追踪。执行成功后在【实例管理】窗口结果数据目录树和场景中生成结果数据，如图 4.17 所示。窗口中，颜色加深且符号风格变大标识的结点为根据起始结点追踪到的所有上游节点，颜色加深标识的弧段为追踪到的所有上游弧段。

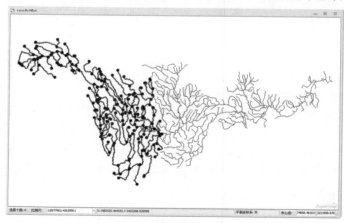

图 4.17　追踪结果显示

2. 保存结果弧段

用右键点击【结果数据】目录树下的【结果弧段】，选择【保存为数据集】，弹出【保存为数据集】窗口，设置：【数据源】选择"Ex4"；【数据集】输入"单要素追踪_结果弧段"；点击【确定】(图 4.18)。

在【工作空间管理器】数据源下生成数据集<单要素追踪_结果弧段>，该弧段用于做接下来的缓冲区分析(图 4.19)。

图 4.18　保存为数据集

图 4.19　生成结果数据集

3. 缓冲区分析

点击菜单【分析】→【缓冲区】，在下拉菜单中选择【缓冲区】，在【生成缓冲区】对话框中：【缓冲数据】下的【数据集】选择"单要素追踪_结果弧段"；【缓冲半径】选择【数值型】，并输入"2000"，缓冲半径【单位】选择"米"；【结果数据】的【数据集】框中输入"Buffer"；【结果设置】中勾选【合并缓冲区】和【在地图中展示】。点击【确定】(图 4.20)。

图 4.20　缓冲区分析参数设置

缓冲区结果<Buffer>添加到地图窗口，如图 4.21 所示，该数据用于接下来的空间查询。

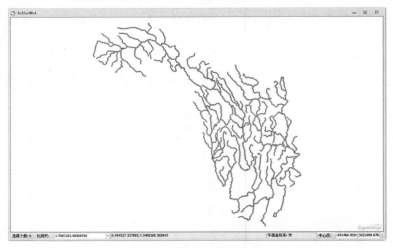

图 4.21 缓冲区分析结果

4. 空间查询

将数据<Buffer>与<Factory>添加到新地图窗口，在地图窗口中点选<Buffer>数据集面对象（图 4.22）。

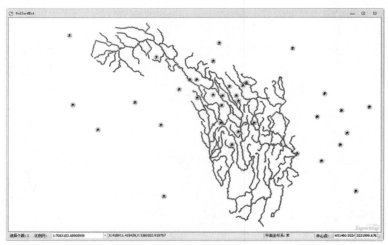

图 4.22 地图窗口选中面对象

点击菜单【数据】→【查询】→【空间查询】，弹出【空间查询】对话框，在该对话框内设置：勾选【Factory@Ex4】复选框，对应【空间查询条件】选择"包含_面点"；勾选【保存查询结果】，对应【数据集】输入"Factory_SpatialQuery"。点击【查询】（图 4.23）。

数据集<Factory_SpatialQuery>表示被污染河道 2000m 范围内的排污工厂，其结果如图 4.24 所示。

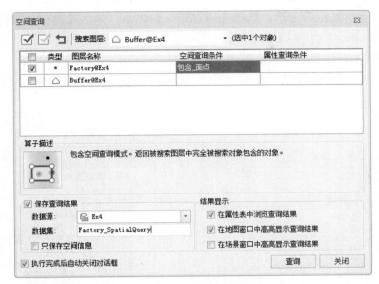

图 4.23　空间查询参数设置

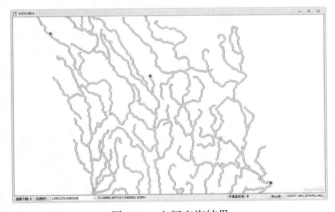

图 4.24　空间查询结果

调查发现这些工厂排污均超标，因此需要从数据集<Node>中找出距离这三个工厂最近的网络结点，左上角工厂由于距离弧段较近，因此选择该弧段上的结点(图 4.25)。

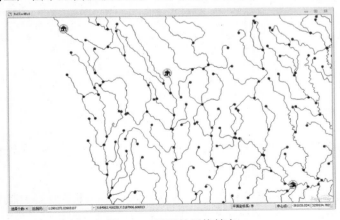

图 4.25　最近的网络结点

在地图窗口空白处点击右键，选择【另存为数据集】，弹出【另存为数据集】对话框：【图层】选择"Node@Ex4"，【数据源】选择"Ex4"，【新建数据集】输入"Query_Node"。点击【确定】（图 4.26）。

在【工作空间管理器】数据源下生成点数据集<Query_Node>，该数据用于下游追踪分析（图 4.27）。

图 4.26　另存为数据集

图 4.27　生成点数据集

5. 下游追踪

在地图窗口中打开网络数据集<waterNet>，如图 4.28 所示。

由于在上一步骤中，寻找出了多个可能的污染排放位置（即 Query_Node 数据集中的结点），因此在进行下游追踪时，需要同时考虑多个要素，并对它们进行共同下游追踪分析，可以选用【网络分析】中的【多要素追踪分析】来进行计算。

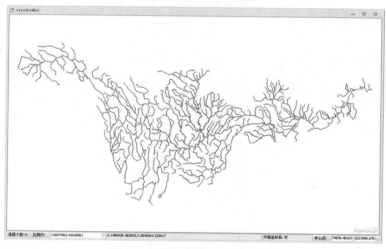

图 4.28　数据集添加到地图窗口

点击菜单【分析】→【网络分析】，在下拉菜单中选择【多要素追踪分析】（图 4.29）。
点击【多要素追踪分析】，弹出【实例管理】控制面板（图 4.30）。点击【实例管理】窗

口的参数设置按钮 ⚙，弹出【多要素追踪分析设置】对话框，设置：【要素类型】选择"结点"，【分析类型】选择"共同下游"，勾选【环路有效】。点击【确定】（图4.31）。

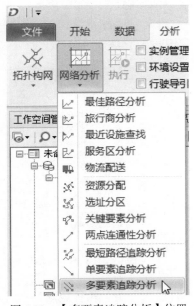

图 4.29　【多要素追踪分析】位置

图 4.30　实例管理

　　右键点击【实例管理】→【结点】，选择【导入…】，如图 4.32 所示。

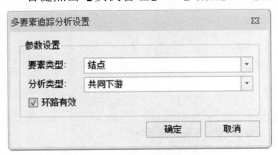

图 4.31　多要素追踪分析设置

图 4.32　结点导入

【导入结点】对话框（图 4.33），【数据集】选择"Query_Node"；点击【确定】。

图 4.33　导入结点

在地图窗口和【实例管理】面板，显示导入的结点信息，与数据集<Query_Node>位置完全一致(图 4.34)。

【环境设置】面板，【流向字段】选择"Direction"（图 4.35）。

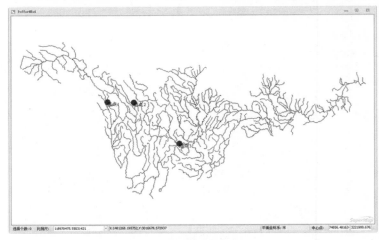 

图 4.34　结点信息　　　　　　　　　　　图 4.35　环境设置面板

单击【实例管理】窗口执行按钮 ▶ ，开始共同下游追踪分析。执行成功后在【实例管理】窗口结果数据目录树和地图窗口中生成结果数据(图 4.36)。地图窗口中颜色加深的弧段为共同下游追踪分析结果，即污染最为严重的区域。同样，【实例管理】→【结果弧段】可以导出为矢量数据集进行存储，便于后期查询、统计等使用。

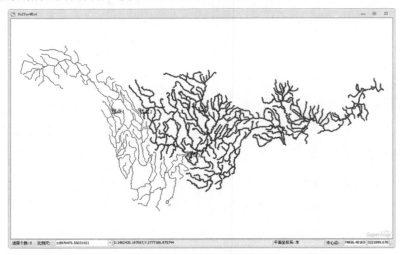

图 4.36　分析结果

4.7　练　习　题

根据实验提供的数据集<waterNet><Factory>和<Arc>，进行污染物分析，要求如下。

(1)上游河道污染以数据集<Arc>所示弧段做上游追踪分析。

(2)缓冲区半径为 3000m。

(3)污染最严重区域通过多要素下游分析实现，要素类型为弧段。

4.8　实验报告

(1)根据实验数据，完成练习题，编写实验步骤并保存实验结果。

(2)练习题目上游追踪结果中结点个数为_____个，结果弧段个数为_____个，结果弧段缓冲区面积为_____km^2，查询出污染源个数为_____个，下游追踪分析结果弧段个数为_____个，总长度为_____m。

(3)河道受污染之后，会对其周边的区域产生二次污染，距离河道越近污染越严重，请根据练习题获取的污染河道数据，填写表 4.1。同时，请列举出填写该表所使用的分析功能和具体实现步骤。

表 4.1　距河道距离与污染面积对应关系

距河道距离/m	污染面积/km^2
0~50	
50~100	
100~150	
150~200	

4.9　思　考　题

(1)【追踪分析网络建模】时导入结点是通过 SQL 查询整个结点数据集的形式实现的，这种导入整个结点数据集的方式是否存在弊端？为什么？你能否想出导入结点的其他实现方式？

(2)【追踪分析网络建模】与【单要素追踪分析】【多要素追踪分析】有什么关系？如果不创建流向能否进行追踪分析？为什么？

(3)【上游追踪】与【下游追踪】的区别是什么？

(4)【单要素追踪分析】参数设置中要素类型为"结点"与要素类型为"弧段"二者的区别是什么？它们各自适合哪些应用场景？

(5)【多要素追踪分析设置】窗口分析类型包括：共同上游、共同下游、连通分量、不连通分量和多点连通环路，经过对测试数据实际操作生成结果的分析，简要描述各分析类型的含义。

实验 5　旅游信息综合查询

5.1　实　验　要　求

根据游客个性化需求进行旅游信息综合查询:
(1) 在浦东新区查询面积不小于 $50000m^2$ 的公园,但不包括中央公园。
(2) 查找与上海浦东新区接壤的区域,并确认鲁迅故居是否与上海浦东新区接壤。
(3) 查找龙阳路沿线经过区域。

5.2　实　验　分　析

查询分析是空间分析中较为简单的分析方法,但综合查询算子在解决实际问题中具有重要的作用。本实验主要涉及包含查询、相交查询、接触查询、穿越查询等空间查询算子的选择与使用。实验要求(1),要求判断景点与区域的空间关系,属于面面包含或面点包含关系,因而可以利用面面包含查询条件来解决。实验要求(2)和(3)分别涉及面面邻接、点面相交和线面相交关系,可以采用相交算子、交叉算子和包含算子来解决。需要注意的是,许多问题可以分别用几种不同的空间查询算子来解决,如查找鲁迅故居,既可以抽象为点面被包含关系,也可以抽象为点面相交关系,从而选择相应的查询算子来获取查询结果。本实验重点是空间关系查询算子的应用,一些情况下,也可以考虑结合属性查询条件,进行基于空间和属性的双重查询,得到期望的查询结果。

5.3　实　验　目　标

(1) 了解空间查询的基本原理与步骤。
(2) 理解查询条件、空间对象关系和查询算子之间的区别与联系。
(3) 掌握空间查询算子的选择与使用。

5.4　实　验　数　据

<District_R>:行政区划数据。
<Park_R>:公园绿地数据。
<Tour_P>:旅游点数据。
<RoadCenter_L>:道路中心线数据。

5.5　实验方案设计

(1) 使用"包含"查询和"分离"查询,并结合属性过滤条件,得到期望游览的面积较大的城市公园。

(2)使用"邻接"查询，得到与浦东新区接壤的邻接区域；使用"被包含"查询，得到鲁迅故居所在的行政区，并判断是否与浦东新区接壤。

(3)使用"交叉"查询得到计划自驾的龙阳路穿越的区域。

5.6 实 验 步 骤

打开 SuperMap iDesktop，点击【开始】，选择数据源中【打开】，选择【文件型】，在【打开数据源】对话框中选择实验数据<Ex5.udb>。

5.6.1 查找公园

1. 选择搜索对象

双击打开行政区划数据<District_R>；在【图层管理器】中，用右键点击<District_R>图层选择【关联浏览属性数据】，在 Name 属性字段下找到浦东新区，点击字段后，地图窗口高亮显示面对象即为浦东新区，该面即为空间查询的搜索对象(图 5.1)。

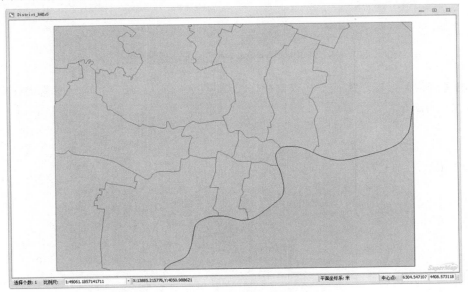

图 5.1 设置包含查询公园搜索对象

2. 空间查询面积大于 50000m² 的公园

左键拖动公园数据<Park_R>到当前地图窗口；在主菜单中，点击【数据】→【查询】→【空间查询】按钮，弹出【空间查询】对话框(图 5.2)；勾选<Park_R>图层列表；点击【空间查询条件】下拉按钮，设置空间查询算子为"包含_面面"，即查询浦东新区的所有公园；点击【属性查询条件】下拉按钮，在下拉列表中点击【表达式…】按钮，弹出 SQL 表达式对话框，在对话框中设置被搜索的公园需要满足属性条件："Park_R.SmArea>= 50000"；勾选【保存查询结果】，命名结果数据集；为了立刻看到查询效果，在【结果显示】栏勾选【在地图窗口中高亮显示查询结果】。

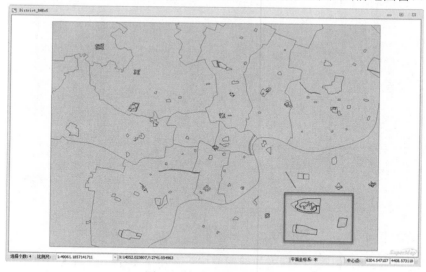

图 5.2　设置包含查询公园属性条件和参数

点击【查询】按钮，执行空间查询操作。结果已经高亮显示在当前地图窗口(图 5.3)。

图 5.3　包含查询公园结果

3. 再次查询与中央公园相离的公园

关闭当前所有地图窗口，将上步查询结果数据集在当前地图窗口打开，选择中央公园面对象(双击面对象可查看属性信息，按住 shift 键可进行多选)，作为新的查询对象，如图 5.4 所示。

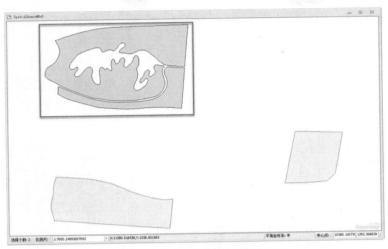

图 5.4　设置分离查询公园搜索对象

在主菜单中，点击【数据】→【查询】→【空间查询】按钮，弹出【空间查询】对话框；勾选上步查询结果图层列表(图 5.5)。

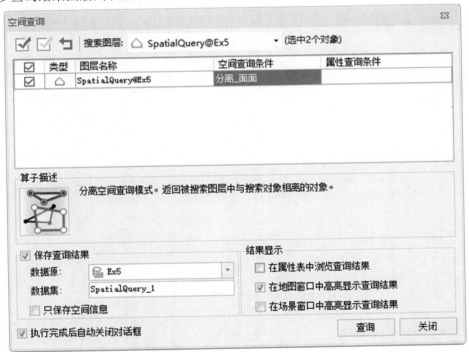

图 5.5　设置分离查询公园参数

点击【查询】按钮，执行空间查询操作。最终结果高亮显示在当前地图窗口(图 5.6)。将查询结果添加到当前窗口关联属性表或者双击查询结果对象，查看对象属性可知，满足条件的公园是万邦都市花园和另外一个没有标记名称的公园。

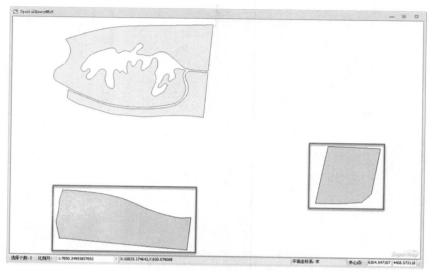

图 5.6　分离查询公园结果

5.6.2　查询接壤区

1. 设置搜索对象

在当前工作空间中，打开行政区划数据集<District_R>到当前地图窗口(图 5.7)。同上选择浦东新区，设置为空间查询的查询对象。

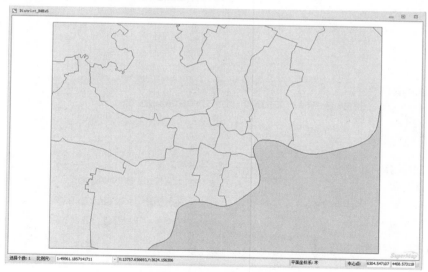

图 5.7　设置查询邻接区搜索对象

2. 空间查询接壤区

在主菜单中，点击【数据】→【查询】→【空间查询】按钮，弹出【空间查询】对话框(图 5.8)；勾选<District_R@Ex5>图层列表；点击【空间查询条件】下拉按钮，设置空间查询算子为"邻接_面面"，即查询浦东新区的所有接壤区。

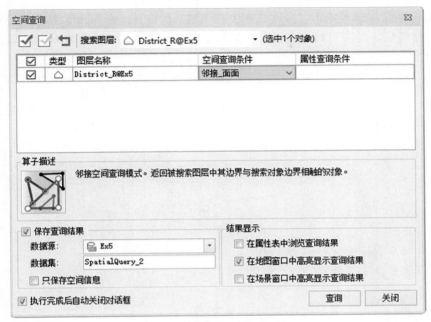

图 5.8　设置查询邻接区参数

点击【查询】按钮,执行空间查询操作。最终结果高亮显示在当前地图窗口(图 5.9)。将查询结果添加到当前窗口关联属性表或者双击查询结果对象,查看对象属性可知与浦东新区接壤的区有徐汇区、卢湾区、南市区[①]、黄浦区、虹口区及杨浦区。

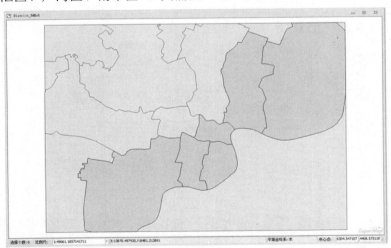

图 5.9　邻接区查询结果

5.6.3　查找鲁迅故居所在区

1. 设置搜索对象

在当前工作空间中,打开行政区划数据集<District_R>和景点数据<Tour_P>到当前地图窗

---

① 本实验采用 2000 年以前区划数据,2000 年黄浦区与南市区合并为新的黄浦区。

口；在<Tour_P>图层管理器中，右键选择关联浏览属性数据，在 Name 属性字段下找到鲁迅故居，点击字段后，地图窗口高亮显示点对象即为鲁迅故居，该点对象即为空间查询的搜索对象(图 5.10)。

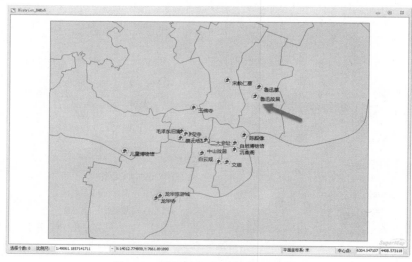

图 5.10　设置被包含区查询搜索对象

2. 空间查询鲁迅故居所在区

在主菜单中，点击【数据】→【查询】→【空间查询】按钮，弹出【空间查询】对话框；勾选<District_R@Ex5>图层列表；点击【空间查询条件】下拉按钮，设置空间查询算子为"被包含_点面"，即查询鲁迅故居所属区(图 5.11)。

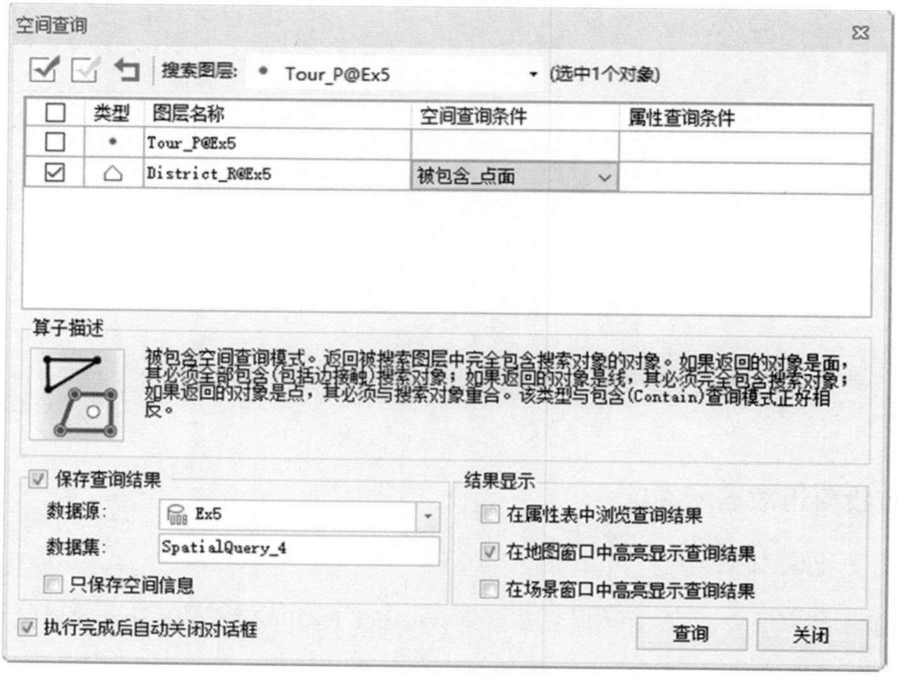

图 5.11　设置被包含区查询参数

点击【查询】按钮，执行空间查询操作。最终结果高亮显示在当前地图窗口（图 5.12）。将查询结果添加到当前窗口关联属性表或者双击查询结果对象，查看对象属性可知，鲁迅故居所在区是虹口区，并且与浦东新区接壤。

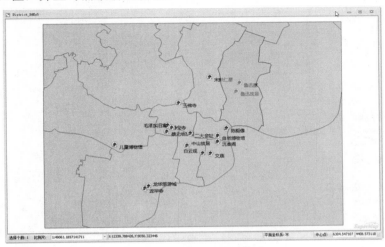

图 5.12　被包含区查询结果

5.6.4　查找穿越区

1. 设置搜索对象

在当前工作空间中，打开行政区划数据集 <District_R> 和道路中心线数据集 <RoadCenter_L> 到当前地图窗口（图 5.13）。在 <RoadCenter_L> 图层管理器中，右键选择关联浏览属性数据，在 Name 属性字段下找到龙阳路，设置其为空间查询的搜索对象。

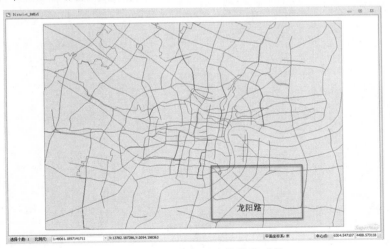

图 5.13　设置穿越区查询搜索对象

2. 空间查询穿越区

在主菜单中，点击【数据】→【查询】→【空间查询】按钮，弹出【空间查询】对话框；勾选 <District_R@Ex5> 图层列表；点击【空间查询条件】下拉按钮，设置空间查询算子为"交叉_线面”，即查询龙阳路的穿越区(图 5.14)。

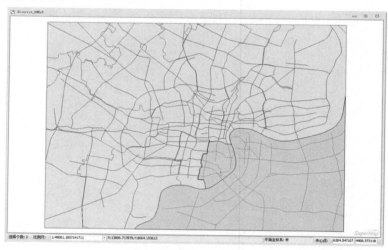

图 5.14　设置穿越区查询参数

　　点击【查询】按钮，执行空间查询操作。最终结果高亮显示在当前地图窗口(图 5.15)。将查询结果添加到当前窗口关联属性表或者双击查询结果对象，查看对象属性可知，龙阳路穿越了浦东新区和南市区。

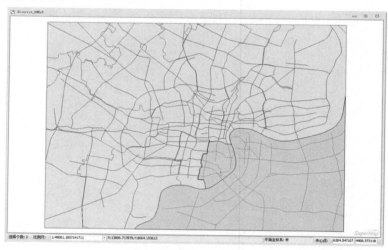

图 5.15　穿越区查询结果

5.7　练　习　题

(1) 使用本实验数据，查询虹口周边既有景点又有公园的行政区。
(2) 使用本实验数据，查询所有公园内部的景点。
(3) 使用本实验数据，查询环西一大道穿越的道路和行政区。

提示实验步骤：

(1) 查找虹口接壤区。

(2) 查找结果的每个区作为查询对象，分别查询公园和旅游景点。

(3) 找到查询数据结果中既有公园又有旅游景点的行政区。

5.8　实　验　报　告

(1) 汇总该市的指定区之间的邻接关系，完成表 5.1，具有邻接关系的区直接打勾。

表 5.1　各地区邻接关系

各区	普陀区	南市区	杨浦区	闸北区	虹口区	卢湾区	黄浦区
普陀区	—	—	—	—	—	—	—
南市区		—	—	—	—	—	—
杨浦区			—	—	—	—	—
闸北区				—	—	—	—
虹口区					—	—	—
卢湾区						—	—
黄浦区							—

(2) 汇总该市指定区包含的公园数目和景点数目，完成表 5.2。

表 5.2　各区的公园与景点数目

各区	公园数目	景点数目
普陀区		
南市区		
杨浦区		
闸北区		
虹口区		
卢湾区		
黄浦区		

(3) 在该市公园内部的景点有_____。

(4) 该市环西一大道穿越的道路有_____；穿越的行政区有_____。

5.9　思　考　题

(1) 结合实验步骤和练习题，归纳空间查询使用的一般步骤。

(2) 实验"查找鲁迅故居所在区"中，是否可以使用相交算子？相交和被包含算子有何区别？

（3）实验"查找穿越区"中，是否可以使用相交算子？相交和交叉算子又有何区别，能否替换使用？

（4）以下案例适合什么算子？①查询某学校周边公交站。②查询某条特定经度线经过的国家。③查询被突发洪水淹没的土地。④查询某个 POI 点所属的行政区划。

（5）为自己列一个出行计划，将自己的旅游地区和路线进行空间对象建模，尝试使用空间查询算子解决自己遇到的实际问题。

实验 6 海域表面温度插值与时空特征分析

6.1 实 验 要 求

根据海域表面温度实测数据，进行空间插值和分析。

(1) 对样本数据特征进行分析，检测数据分布规律和异常值。

(2) 利用克吕金插值方法对海域表面温度进行插值。

(3) 根据插值结果，分析海域表面温度时空分布规律。

6.2 实 验 分 析

空间依赖性是进行地理数据空间插值的依据。本实验以海域温度时空分布分析为例，介绍利用空间插值方法，分析地理数据时空分布规律的一般思路与步骤。空间插值主要包括以下几个方面：①数据分析，检查数据是否有错误、数据的分布特征和分布规律，这是进行空间插值的必要环节。②空间插值方法的选取及相应参数的设置，每一种插值方法有各自适用的条件，如运用普通克吕金插值法需要样本数据服从正态分布。③结果精度评价，它既是空间插值结果评价的一个重要步骤，也可以作为空间插值方法选取的一个参考依据。④不同插值方法的比较，也可以与空间插值方法选取同步进行。

空间插值分析中最关键的两个问题是：如何选择插值方法；插值之后达到的精度。

6.3 实 验 目 标

(1) 了解不同空间插值方法的适用条件。

(2) 掌握克吕金插值方法的步骤。

(3) 理解不同插值方法的异同。

6.4 实 验 数 据

<SST>：海洋表面温度数据，字段 JAN、FEB、…、DEC 表示 1 月、2 月、…、12 月平均温度。

<Land>：中国陆地数据。

<Sea>：海域表面。

<seadeeppoly>：海域等深面。

<50myiwaisea>：大于 50m 海域表面。

6.5 实验方案设计

(1) 采用局部估计法(普通克吕金方法)进行插值。

(2)裁剪得到海域表面。

(3)提取海域表面的等温线。

(4)制作海域温度专题图。

6.6　实　验　步　骤

打开 SuperMap iDesktop，点击【开始】，选择数据源中【打开】，选择【文件型】，在【打开数据源】对话框中选择实验数据<Ex6.udb>。以 1 月平均温度为例，详细介绍空间插值过程。

6.6.1　数据分析

1. 数据分布

选择数据集<SST>，双击数据集添加到地图中，点击【分析】→【栅格分析】→【直方图】按钮(图 6.1)。【数据源】选择"Ex6"，【数据集】选择"SST"，【字段】选择"Jan"，该字段表示 1 月海洋表面平均温度；【段数】设置为 10，表示直方图有 10 个条带，即直方图将温度分成 10 级，每一级别中的数量通过每个直方条柱的高度表示。

在显示统计信息前的方框中打"√"，该属性数据的统计量将显示在右上角的窗口中，包括总数、最小值、最大值、平均值、标准差、偏度、峰度、第一四分值、中位数、第三四分值。

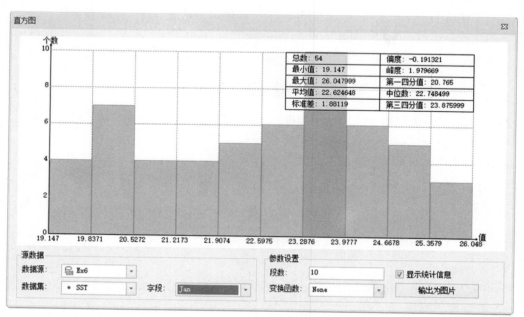

图 6.1　Jan 字段直方图

【变换函数】选择"None"，即原始采样数据的值没有经过转换，直接生成直方图；【变换函数】的下拉菜单中另有"Log"和"Arcsin"选项："Log"先对原始采样数据进行对数变换(Log 变换要求数据>0)，再生成直方图；"Arcsin"先对原始采样数据进行反正弦变换，再生成直方图（Arcsin 变换要求数据在[-1，1]）。

通常，如果数据的平均值与中位数大致相等，数据就被认为服从正态分布。本数据平均值是 22.624648，中位数为 22.748499，大致相等，可认为服从正态分布；倘若不服从正态分布，可对原始数据进行 Log 或 Arcsin 变换，分析变换后数据是否服从正态分布。统计值中，峰度指标用于描述数据分布高度，正态分布的数据峰度等于 0，如果数据的峰度大于 0，表示该数据的分布比正态分布高耸且狭窄，此时数据比正态分布集中于平均数附近。反之，如果峰度小于 0，数据的分布就比正态分布平坦且宽阔，此时数据比正态分布分散。偏度指标描述数据分布的左右对称性，正态分布的偏态等于 0。如果数据的直方图向右延伸，即大部分的数据集中于左边，则偏态大于 0，称为正偏态或右偏态。如果数据的直方图向左延伸，即大部分的数据集中于右边，则偏态小于 0，称为负偏态或左偏态。

2. 异常值检查

异常值判别的方式为：如果在直方图的最左侧或最右侧存在孤立条带，表明这个条带所表示的点可能是异常值，该条带越孤立于直方图的整体趋势，对应点是异常值的概率就越大，同时通过查看其周边数据点的数值情况（是否与周边点存在显著差异）来最终确定是否为异常点。查看本数据直方图，暂时没有发现异常值情况。

3. 趋势分析

选择数据集<SST>，双击数据集添加到地图中，在【图层管理器】对话框找到"SST @Ex6"，右键单击，在下拉菜单选择【制作专题图】，在【制作专题图】对话框中（图 6.2）选择【统计专题图】，使用【默认】模板，点击【确定】。

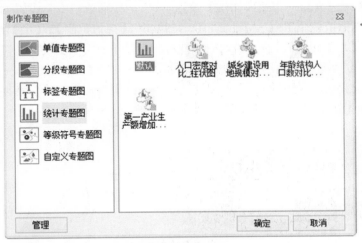

图 6.2　制作统计专题图

在【专题图】设置面板中，选择【属性】面板，【颜色方案】默认设置，【统计图类型】选择"三维柱状图"，【统计值计算方法】选择"常量"，【表达式】选择"SST.Jan"。

由图 6.3 可以看出，1 月份海域温度由西北向东南方向递增。

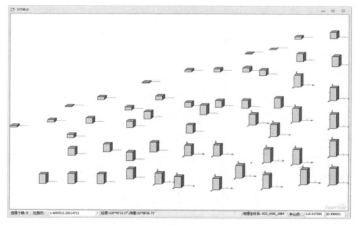

图 6.3　Jan 字段三维柱状图

6.6.2　插值分析

1. 普通克吕金插值

点击菜单【分析】→【栅格分析】→【插值分析】按钮，弹出【栅格插值分析】对话框，在对话框中选中【OKrig 普通克吕金】页面。克吕金插值过程中参数和半变异函数的选择对插值结果产生影响。参数设置主要包括：样本点查找设置、半变异函数、基台值、块金效应值和自相关域值，精度指标可作为选取半变异函数的重要依据。源数据设置：【源数据】→【数据源】选择"Ex6"，【源数据】→【数据集】选择"SST"，【源数据】→【插值字段】选择"Jan"，【源数据】→【缩放比例】设置"1"。【插值范围】设置为海域表面数据集 sea 的四至范围:【插值范围】→【左】设置"108.999446",【插值范围】→【上】设置"24.000078",【插值范围】→【右】设置"120.999945"，【插值范围】→【下】设置"17.999878"。【结果数据】设置：【结果数据】→【数据源】选择"Ex6"，【结果数据】→【数据集】设置"Jan"，【结果数据】→【分辨率】使用默认值，【结果数据】→【像素格式】选择"双精度浮点型"（图 6.4）。

图 6.4　栅格插值分析

点击【下一步】按钮，在【普通克吕金】对话框中：【样本点查找设置】→【查找方式】默认"变长查找"，【样本点查找设置】→【最大半径】默认"0"（即不限制最大查找半径），【样本点查找设置】→【查找点数】默认"12"（即使用最近的 12 个采样点进行插值计算）；【其他参数】均使用默认值设置（图 6.5）。

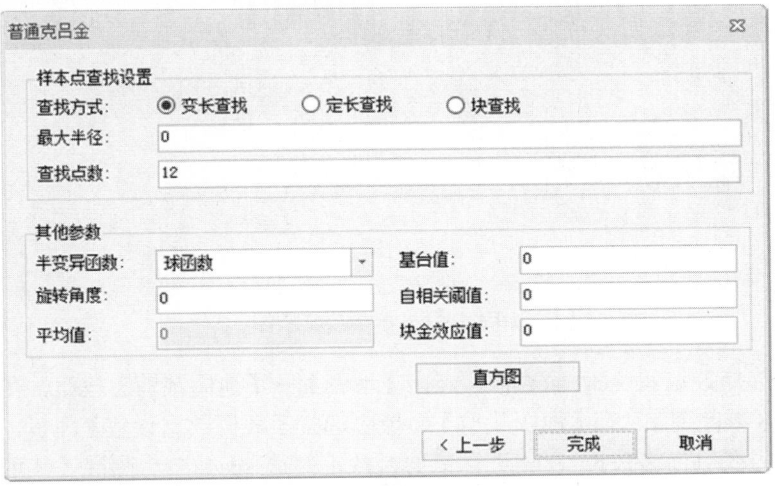

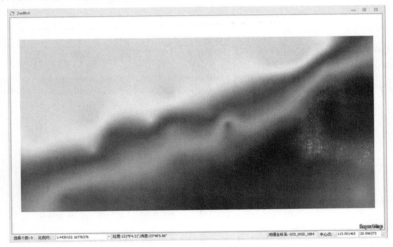

图 6.5　普通克吕金插值

点击【完成】，得到<Jan>栅格数据集（图 6.6）。

图 6.6　Jan 字段插值结果

2. 海域表面

选择栅格数据集<Jan>，双击数据集添加到地图中，右键选择数据集<sea>，在下拉菜单中选择【添加到当前地图】（图 6.7）。

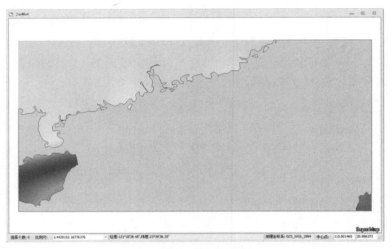

图 6.7　Jan 栅格裁剪准备

在地图中选择数据集<sea>面对像，点击【地图】→【地图裁剪】按钮，在下拉菜单中选择【选中对象区域裁剪】；在【地图裁剪】面板中选择【裁剪数据设置】面板，选中 sea@Ex6 图层，这里只需要对栅格数据<Jan>进行裁剪，故不勾选 sea@Ex6 图层【裁剪】复选框；选中 Jan@Ex6 图层，【目标数据源】选择"Ex6"，【目标数据集】设置"Jan_Clip"，勾选【裁剪】复选框，【裁剪方式】选择【区域内】。点击【确定】（图 6.8）。

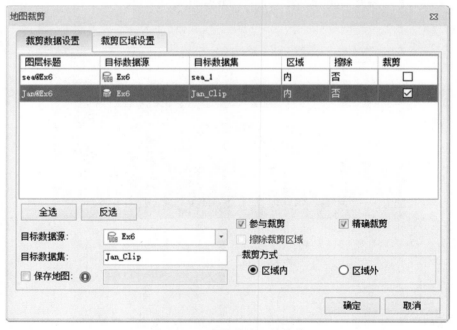

图 6.8　Jan 栅格指定区域裁剪

得到栅格数据集<Jan_Clip>，即海域表面栅格（图 6.9）。

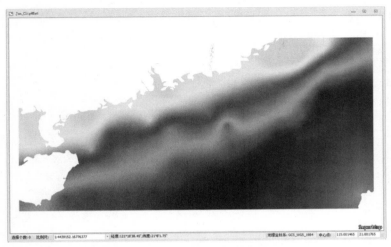

图 6.9　Jan 海域表面栅格裁剪图

3. 等温线提取

点击【分析】→【栅格分析】→【表面分析】按钮，在下拉菜单中选择【提取指定等值线】。

在【提取指定等值线】对话框中(图 6.10)：【源数据】→【数据源】选择"Ex6"，【源数据】→【数据集】选择"Jan_Clip"。【参数设置】→【重采样系数】默认"0"，【参数设置】→【光滑方法】选择"不处理"。【目标数据】→【数据源】选择"Ex6"，【目标数据】→【数据集】设置"Jan_IsoLine"。点击左上角 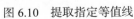 按钮，在【批量添加】对话框中：【起始值】设置为"18.5"，【终止值】设置为"26.5"，【等值距】设置为"0.5"，得到【等值数】为"17"。点击【确定】(图 6.11)。

图 6.10　提取指定等值线

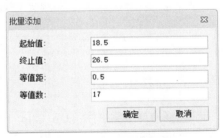

图 6.11　批量添加等温线

回到【提取指定等值线】窗口，点击【确定】(图 6.12)。

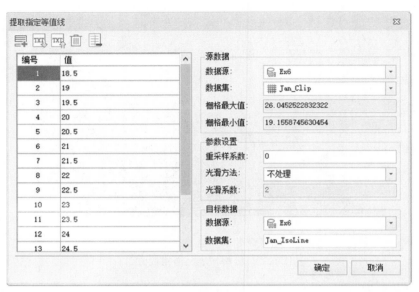

图 6.12　提取指定等值线设置

得到等温线数据集<Jan_IsoLine>（图 6.13）。

图 6.13　Jan 等温线

4. 制作专题图

选择海域表面栅格<Jan_Clip>，双击数据集添加到地图中，在【图层管理器】对话框中找到"Jan_Clip@Ex6"，右键单击，在下拉菜单选择【制作专题图】，在制作专题图对话框中，选择【栅格分段专题图】，使用【默认】模板，点击【确定】（图 6.14）。

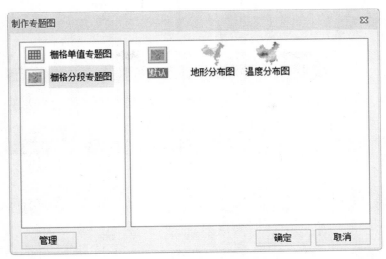

图 6.14　制作海域表面分段专题图

在【专题图】设置面板中，【专题图图层】设置为"Jan_Clip@Ex6#1"，【分段方法】选择"等距分段"，【段数】设置为"6"，【段标题格式】选择"0 <= X <100"，【颜色方案】选择"自定义"。

在【颜色方案编辑器】中，点击左上角 按钮，添加 6 种颜色（从 6 到 1 依次为红、橙、黄、绿、青、蓝），制作新的颜色方案"NewColorScheme"（图 6.15 和图 6.16）。

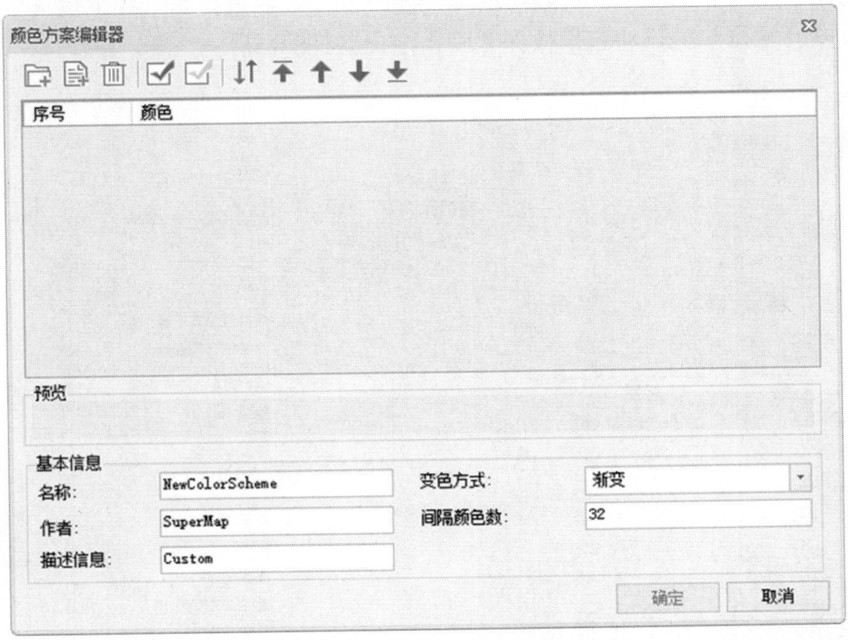

图 6.15　颜色方案编辑器

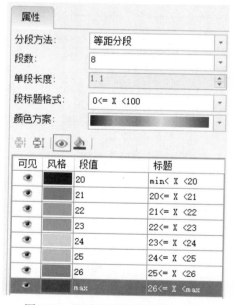

图 6.16　制作颜色方案

点击【确定】，回到【专题图】设置面板(图 6.17)。【颜色方案】选择新制作的颜色方案，并设置段值及标题。

在【图层管理器】面板下，找到<Jan_Clip@Ex6#1>，右键点击，在下拉菜单中选择【专题图模板】→【输出…】，将该模板保存到指定位置(图 6.18)。

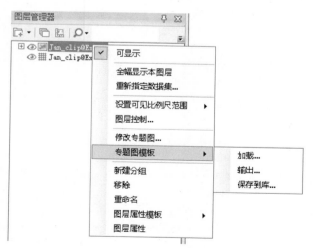

图 6.17　海域表面分段专题图设置　　　　　图 6.18　保存海域表面分段专题图模板

在工作空间管理器面板下，找到等温线数据<Jan_IsoLine>，右键点击，在下拉菜单中选择【添加到当前地图】，在【图层管理器】对话框找到"Jan_IsoLine@Ex6"，右键单击，在下拉菜单选择【制作专题图】，在【制作专题图】对话框中，选择【标签专题图】，使用【统一风格】模板，点击【确定】。在【专题图】设置面板中，【专题图图层】设置为"Jan_IsoLine@Ex6#1"，选择【属性】面板，【标签表达式】设置为"Jan_IsoLine.dZvalue"，其余默认。关闭【专题图】设置面板，得到海域表面温度专题图(图 6.19)。

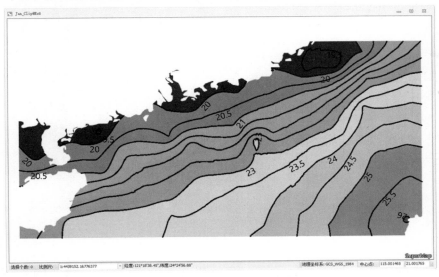

图 6.19　海域表面温度专题图

从海域表面温度专题图可以清楚地看到，海域温度是由西北到东南递增的，与插值点相吻合。

6.7　练　习　题

运用本数据集<SST>，请应用普通克吕金插值方法获取 2～12 月海洋表面温度分布图。

6.8　实　验　报　告

(1)根据实验数据集<SST>，考察 2～12 月海洋表面温度数据：①数据分布(是否服从正态分布)；②异常值检查(检查是否存在异常值，如果存在，将之删除)；③完成表 6.1。

表 6.1　样本数据特征值统计

月份(字段)	最小值	最大值	平均值	标准差
Feb				
May				

(2)根据海域表面温度特征值统计完成表 6.2。

表 6.2　空间插值后的海域表面温度特征值

海域表面温度	最小值	最大值	平均值	标准差
Feb_clip				
May_clip				

(3)输出 1～12 月和季节性(11 月～次年 1 月为冬季,2～4 月为春季,5～7 月为夏季,8～10 月为秋季)温度分布图,比较各月份和各季节的时空变化规律。

(4)计算 1 月 50m 外海域表面平均温度_____,计算 1 月 100m 等深海域表面平均温度_____,并列出实现步骤。

6.9 思 考 题

(1)为什么要进行空间插值?

(2)说明常用空间插值方法的特点与适用情况。

(3)空间插值的半径有何意义?

(4)空间插值的点数有何意义?

(5)本实验数据的距离反比权值插值与普通克吕金插值结果有什么差异?

实验 7 果树种植区域选择

7.1 实 验 要 求

运用 DEM 数据进行山体阴影(光照函数)分析，确定某种果树的种植区。

(1) 计算坡度和坡向。

(2) 分析特定太阳位置条件下山体阴影遮挡。

(3) 依据条件确定果树种植区。

7.2 实 验 分 析

果树种植区域选择不仅要考虑地势、土壤、水文等因素，还需要考虑果树生长的太阳辐射量（光照量），水果的品质与太阳辐射量密切相关。

本实验主要依据果树生长的光照条件来选择合适的果树种植区域，它是太阳辐射与地形因素综合作用的结果，地形起伏导致了太阳辐射重新分配，因此，本实验的实质是基于 DEM 数据的山体阴影（光照函数）分析，地理位置、坡度、坡向是该类分析的核心因子。根据 **SuperMap** 提供的太阳辐射分析工具，通过指定地域所在的纬度和大气透射率，综合考虑高程、坡度、坡向和周围地形在此位置的投影，计算出经过大气削弱之后到达地面的太阳辐射及日照时间。实验需要输入地形数据和辐射参数，其中辐射参数包括区域纬度、大气透射率和高程缩放倍数等。分析计算过程中，根据输入的地形数据计算出每个 DEM 像元处的坡度、坡向与阴影遮挡情况，再结合输入的辐射参数，综合确定该像元的辐射量。最后根据辐射量来确定果树种植区域。

7.3 实 验 目 标

(1) 掌握基于 DEM 数据的坡度、坡向计算方法。

(2) 理解光源位置对山体阴影的影响。

7.4 实 验 数 据

<DEM>：存储数字地形数据，为平面投影坐标系。

<DEM2>：存储数字地形数据，为地理经纬度坐标系。

7.5 实 验 方 案 设 计

(1) 以 DEM 数据为基础数据，使用太阳辐射分析功能，以 1 小时为计算间隔，计算该区域的春分日太阳辐射情况。

(2) 以 DEM2 数据为基础数据，使用太阳辐射分析功能，计算冬季的区域太阳辐射总量，其中采样间隔为 5 天，采样当天的时间间隔为 2 小时。

7.6　实　验　步　骤

打开 SuperMap iDesktop,点击【开始】,选择数据源中【打开】,选择【文件型】,在【打开数据源】对话框中选择实验数据<Ex7.udb>。

7.6.1　计算小时太阳辐射量

双击【工作空间管理器】中的栅格数据集 DEM,在地图窗口中查看数据(图 7.1)。

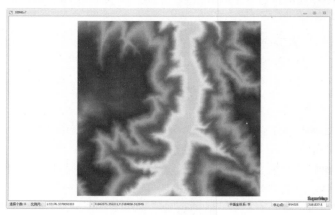

图 7.1　栅格数据集 DEM

图 7.2　太阳辐射菜单

打开【分析】菜单下的【太阳辐射分析】窗口(图 7.2 和图 7.3)。【地形数据】选择"DEM"。【分析类型】选择"日辐射分析",这里选择"3 月 21 日"(春分日),【起始时间】和【终止时间】都定为 8:00(起始时间和终止时间均为当地太阳时),【采样间隔(小时)】设置为"1",表示以 8 点的太阳位置为基准,计算 1 小时内的太阳辐射量估算值。【区域纬度】设置为"30°",【透射率】及【高程缩放倍数】使用默认值。生成所有可选结果,包括直射辐射量栅格、散射辐射量栅格和直射持续时间栅格。

图 7.3　太阳辐射分析参数设置

在【地图窗口】中打开全部四个结果栅格，观察辐射量计算结果。图 7.4 为总辐射量栅格。

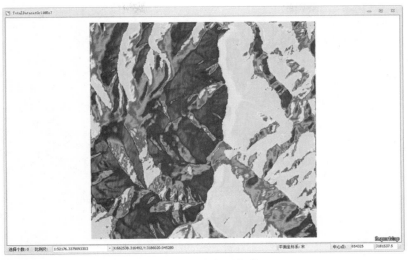

图 7.4　总辐射量栅格

使用【分析】→【栅格查询】功能，对比直射辐射量栅格与直射持续时间栅格的值（图 7.5 和图 7.6），可发现直射持续时间为 0 的栅格区域，其直射辐射量也为 0。

图 7.5　直射辐射量栅格

图 7.6　直射持续时间栅格

通过【数据】→【数据处理】→【代数运算】（图 7.7），弹出【栅格代数运算】对话框（图 7.8），计算出直射辐射量和散射辐射量栅格数据集的和，与总辐射量栅格比较，理解它们与总辐射量栅格的关系。

图 7.7　代数运算菜单

【栅格代数运算】表达式和结果数据像素格式设置。通过【分析】→【表面分析】下的【坡度分析】功能，计算原始 DEM 的坡度栅格。【坡度分析】参数设置使用默认值（图 7.9）。

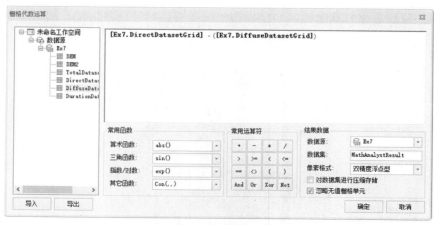

图 7.8　栅格代数运算参数设置

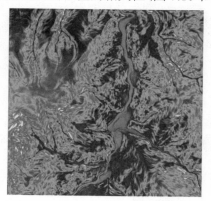

图 7.9　坡度分析参数设置

在【地图窗口】中打开散射辐射量栅格、坡度计算栅格与原始 DEM，对比观察散射辐射量与坡度值及高程值的相关性（图 7.10 和图 7.11）。

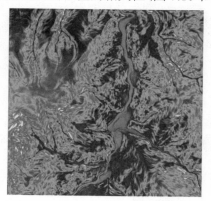

图 7.10　散射辐射量栅格

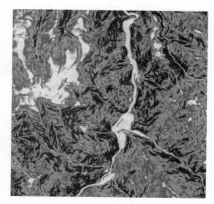

图 7.11　坡度栅格

通过【分析】→【表面分析】下的【三维晕渲图】功能，近似模拟 8:00 时刻的太阳角度，计算原始 DEM 的三维晕渲图。【三维晕渲图】参数设置如图 7.12 所示。

图 7.12　三维晕渲图参数设置

　　在【地图窗口】中打开直射辐射量栅格和三维晕渲图，观察并思考它们相似的原因(图 7.13 和图 7.14)。

图 7.13　直射辐射量栅格

图 7.14　三维晕渲图

7.6.2　计算多天太阳辐射量

　　双击【工作空间管理器】中的栅格数据集 DEM2，在地图窗口中查看数据(图 7.15)。

图 7.15　栅格数据集 DEM2

　　使用【太阳辐射】的年辐射分析模式，计算指定地区从 12 月 1 日至次年 3 月 1 日的总辐射量(图 7.16)。

【采样间隔（天）】设置为"5"，【采样间隔（小时）】设置为"2"，表示每隔 5 天计算一次整天太阳辐射量，当天每隔 2 小时计算一次太阳位置。由于是地理坐标系数据，【区域纬度】默认为当前地区的中心纬度，【高程缩放倍数】在纬度 40°时使用近似值 0.00001171，【透射率】使用默认值。生成所有可选结果，包括直射辐射量栅格、散射辐射量栅格和直射持续时间栅格。

图 7.16　太阳辐射分析参数设置

在【地图窗口】中打开全部四个结果，观察辐射量计算结果（图 7.17）。

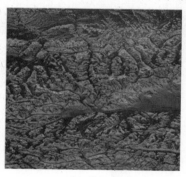

(a)总辐射量结果

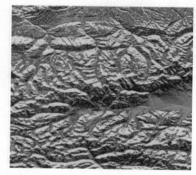

(b)直射辐射量结果

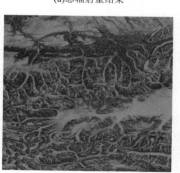

(c)散射辐射量结果

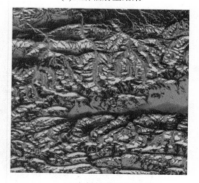

(d)直射持续时间结果

图 7.17　辐射量计算结果

7.7 练 习 题

假设需要在 DEM 数据所在区域选择一个地块种植果树，已知果树主要生长月份为 3 月初～9 月末，适宜的种植坡度为 5°～30°，请使用太阳辐射分析计算，找出太阳辐射量较强，总辐射值域在[1650000，1809886]，即较适宜种植果树的区域。

7.8 实 验 报 告

(1) 按照练习题要求完成对于 DEM 数据的实验，并列出主要实验步骤。

(2) 根据练习题得到的结果，填写表 7.1 和表 7.2。

表 7.1 太阳辐射与区域面积关系

太阳总辐射值域	区域面积/m²
724110～1050000	
1050000～1250000	
1250000～1450000	
1450000～1650000	
1650000～1809886	

表 7.2 坡度与区域面积关系

坡度值域	区域面积/m²
5°～15°	
15°～30°	
30°～50°	

(3) 设定太阳总辐射值域为[1650000，1809886]，适宜种植坡度为[5，30]，那么选定的种植区域面积为_____m²，大于 1km² 的地块有_____块。请列举获取到种植区域面积和统计地块数用到的分析方法和统计方式。

7.9 思 考 题

(1) 进行太阳辐射分析时为何要使用者指定区域纬度？

(2) 思考采样间隔对分析结果和分析时长的影响，尝试设置不同的【采样间隔】进行多天太阳辐射分析。

(3) 同一地区的大气透射率随天气状况的变化而不同，晴天透射率较高，阴天透射率较低。尝试使用不同的【大气透射率】模拟同一天不同天气的太阳辐射情况并比较分析结果。

(4) 多天太阳辐射分析的【大气透射率】如何选择？

(5) 使用 DEM2 数据，分别将【高程缩放倍数】设为 1 和 0.00001171 来进行坡度分析并观察结果，思考使用地理坐标系数据时修改【高程缩放倍数】的原因。

实验 8　城市高层住宅选址规划

8.1　实　验　要　求

运用三维 GIS 空间分析工具，分析三维数字城市数据，在规划区内进行高层住宅建筑选址，依据如下三个方面的条件。

(1)城市建筑景观需求：规划地块以奥运园区的标志性观光塔(玲珑塔)为观光建筑，将高程 100m，方位角 90°，俯仰角 0°作为观光位置。要求在不破坏城市建筑天际线的前提下，住宅楼层数目不小于 25 层。

(2)采光率需求：确保低楼层(1 层)采光率大于 40%，中间楼层(12 层)采光率大于 70%，高楼层(25 层)采光率大于 80%。

(3)标志性建筑可见需求：要求 15 层楼以上房间可看见标志性建筑——国家体育场(鸟巢)。

8.2　实　验　分　析

城市规划与管理是目前三维 GIS 空间分析应用最活跃的领域，本实验以城市高层住宅项目选址规划为例，介绍三维 GIS 空间分析的基本方法。城市高层住宅项目的选址规划，需要综合考虑城市建筑景观需求、人居采光需求、标志性建筑可见需求等各种因素，将这些需求与三维 GIS 分析工具联系起来是本实验的关键。实验要求(1)是城市建筑景观需求，其将玲珑塔作为观光建筑，分析待建目标物对视觉的影响，需要用到天际线分析。在 GIS 三维分析中，要设置观察位置、方位角、俯仰角等参数，因此不同的规划区域得到的天际线也不同。住宅楼高度的规划可通过天际线分析的限高体来确定。实验要求(2)是建筑物采光需求，可以通过日照分析来实现，分析过程中需对采样高度、采样距离和采光时间参数进行设置。实验要求(3)是标志性建筑可见需求，可用通视分析等工具来完成。在城市环境中，影响通视条件的主要因素是地形和建筑物。

8.3　实　验　目　标

(1)了解三维空间分析工具可以解决的实际问题。
(2)掌握天际线分析、日照分析、通视分析的基本原理与步骤。

8.4　实　验　数　据

<Buildings>：城市建筑数据。
<Grounds>：地面信息数据。
<ShadowRegion>：选址区域四至信息数据。

<LimitBody>：限高体。

<SightlinePoint>：通视分析信息数据。

<SightlinePoint_1>：通视分析信息数据_1。

<SightlinePoint_2>：通视分析信息数据_2。

<SightlinePoint_3>：通视分析信息数据_3。

<Practice>：项目用地位置数据。

8.5　实验方案设计

(1)根据城市建筑模型进行天际线分析，再根据当前项目位置生成限高体，测量限高体最低高程，若大于 75m(以 25 层，单层楼高为 3m 计算)则满足楼层要求。

(2)根据选址区域四至和当前城市建筑模型进行日照分析，分析时间为本年度的日照最短日——冬至，查询分析从低楼层到高楼层的采光率，若低楼层(1 层)采光率大于 40%，中间楼层(12 层)采光率大于 70%，高楼层(25 层)采光率大于 80%则满足采光要求。

(3)通过通视分析可以直观地判断规划住宅与标志性建筑国家体育场(鸟巢)的可视情况。

8.6　实　验　步　骤

打开 SuperMap iDesktop，点击【开始】，选择数据源中【打开】，选择【文件型】，在【打开数据源】对话框中选择实验数据 <Ex8.udb>。

8.6.1　城市建筑环境需求

1. 打开数据到场景

选择数据集<Buildings>，右键选择【添加到新球面场景】；选择数据集<Grounds>，右键选择【添加到当前场景】，在【图层管理器】中选择图层<Grounds@Ex8>(图 8.1)，在弹出的右键菜单中，选择【快速定位到本图层】。

场景窗口快速定位到<Grounds>数据模型所示区域(图 8.2)。

2. 定位到选址区域

将场景缩放到项目选址区域，如图 8.3 所示，该区域位于区域图右侧靠下位置。

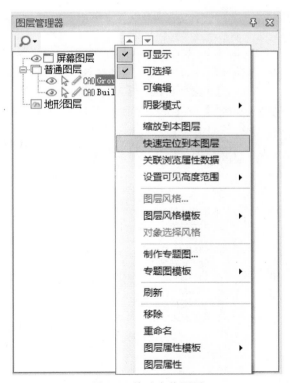

图 8.1　快速定位图层

<table>
图 8.2　模型数据全景显示　　　　　图 8.3　选址位置示意图
</table>

图 8.2　模型数据全景显示　　　　　　　　　图 8.3　选址位置示意图

3. 天际线分析

点击菜单【三维分析】→【天际线分析】（图 8.4）。

图 8.4　天际线分析

弹出【三维空间分析】控制面板（图 8.5）。在【三维空间分析】面板下方进行参数设置：【观察模式】选择"第一人称相机"，【天际线颜色】选择"红色"，【天际线质量】选择"中级"；【观察位置】→【X】设置为"116.388308"，【观察位置】→【Y】设置为"39.995922"；【观察位置】→【Z】设置为"100"，【方位角（度）】设置为"90"，【俯仰角（度）】设置为"0"，勾选【显示观察者位置】（图 8.6）。

图 8.5　三维空间分析　　　　　　　　　图 8.6　天际线参数设置

点击分析按钮 ▶，在场景中生成天际线，场景中的轮廓线为天际线（图 8.7 和图 8.8）。

图 8.7　天际线在场景中展示

图 8.8　天际线成果

4. 生成限高体

依据生成的天际线，对指定三维面数据集生成限高体，即三维面的最高建筑模型。建筑高度若大于限高体则会破坏当前天际线。

点击【三维空间分析】→【城市建筑规划】，展开【建筑模型管理】面板(图 8.9)，在【添加建筑平面】下拉菜单中选择【选择三维面数据集】。

弹出【选择】对话框，选择三维面数据集<ShadowRegion>，点击【确定】(图 8.10)。

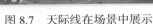

图 8.9　选择三维面数据集

图 8.10　选择三维面数据集

在场景中生成三维限高体(图 8.11)。点击导出建筑模型按钮 ，弹出【导出建筑模型】对话框，设置：【数据集】为"LimitBody"，点击【确定】(图 8.12)。

图 8.11　限高体结果

图 8.12　导出建筑模型

将数据集<LimitBody>添加到建筑场景中，点击菜单【场景】→【高度】(图 8.13)。

图 8.13　高程量算

测量限高体高程值，最短高程值约为 79m，高于计划建设高度 75m，不会破坏城市建筑环境，结果如图 8.14 所示。

图 8.14　测量高程值

8.6.2　采光率需求

1. 图层属性设置

在【图层管理器】中选择图层<Buildings@Ex8>，在弹出的右键菜单中，选择【图层属性】(图 8.15)。

在弹出的【图层属性】对话框中【阴影模式】选择"显示所有对象阴影"(图 8.16)。

阴影模式设置也可通过在【图层管理器】中选择图层<Buildings@Ex8>，弹出的右键菜单中选择【阴影模式】，展开选项中选择【显示所有对象阴影】来实现(图 8.17)。

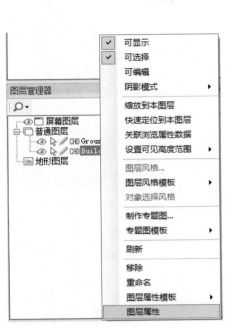

图 8.15　图层属性　　　　　　　　　图 8.16　图层属性设置

图 8.17　阴影模式设置

2. 日照分析

点击菜单【三维分析】→【日照分析】，弹出【三维空间分析】对话框，或在已打开的【三维空间分析】面板中，选中【日照分析】(图 8.18)。

点击导入按钮![icon]，在弹出的【导入分析区域】对话框中：【数据集】选择<ShadowRegion>，【名称】选择"Name"，【最小高度】选择"MinAltitude"，【最大高度】选择"MaxAltitude"，【采样距离】选择"Spacing"，点击【确定】(图 8.19)。

图 8.18　日照分析　　　　　　　　　　　　　　图 8.19　导入分析区域设置

在【三维空间分析】面板内生成日照分析相应参数(图 8.20)，【最小高度(m)】【最大高度(m)】【采样距离(m)】被更新。其中，【采样距离】表示在指定的平面和高度范围内，输出采样点的间隔。【开始时间】设置为"06:00"，【结束时间】设置为"18:00"，【采样频率(min)】设置为"60"。【时间设置】完成，在场景中得到指定范围内的采光率结果。修改【参数设置】→【采光率颜色表】，选择渐变颜色表(图 8.21)。

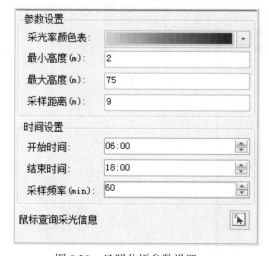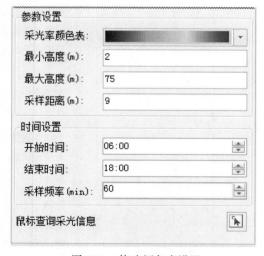

图 8.20　日照分析参数设置　　　　　　　　　　图 8.21　修改颜色表设置

渐变的颜色表可以更直观地表现采光率的变化情况(图 8.22)。

3. 采光率数值查询

鼠标放置采样点处即可查询采光信息，通过采光信息查询得知低楼层采光率大于 40%，中间层采光率大于 70%，高楼层采光率大于 80%，满足采光率要求(图 8.23)。

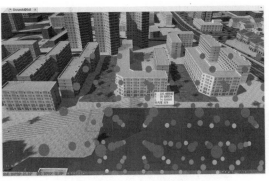

图 8.22　采光率效果图　　　　　　　　图 8.23　采光信息查询

8.6.3　标志性建筑可见需求

1. 通视分析

点击菜单【三维分析】→【通视分析】，或在已打开的【三维空间分析】面板中，选中【通视分析】(图 8.24)。

点击添加按钮 ✚，将鼠标移至场景中，当鼠标状态变为 ＋ 请绘制观察点，进行通视分析。 时，即可在数据表面单击鼠标选取观察点。观察点添加后，会在通视分析属性面板中显示【站点信息】，包含角色(区分观察点与被观察点)与坐标信息(图 8.25)。

图 8.24　通视分析　　　　　　　　图 8.25　站点信息

添加一个观察点之后，鼠标状态会自动切换为拾取被观察点的状态，被观察点添加后也会在通视分析属性面板中显示【站点信息】。在移动鼠标绘制被观察点时，会实时显示观察点与鼠标所在位置处的通视情况，结果如图 8.26 所示。

除了鼠标拾取观察点和被观察点外，还可以通过导入的方式导入观察点与被观察点。点

击导入按钮 ，弹出【导入站点】对话框，设置：【数据集】选择"SightlinePoint"，观察点位于选址区 15 层；【实例名称】选择属性"InstanceName"；【角色】选择属性"PointType"，用于区分点是观察点还是被观察点；【站点名称】选择属性"PointName"；【可见性】选择属性"IsVisible"（图 8.27）。

图 8.26　通视分析结果示意图

图 8.27　导入站点

图 8.28　通视分析结果

点击【确定】，在场景中显示通视结果（图 8.28）。从通视分析结果可以看出，该住宅 15 层位置可以看到鸟巢，但不是全貌，只是其中一角。

2. 改变观察点位置做通视分析

一个观察点做通视分析是不具有说服力的，在被观察点不变的情况下可以改变观察点位置，即从建筑物的不同位置做通视分析。按照步骤 1 中导入数据集的方式分别对数据集 SightlinePoint_1、SightlinePoint_2、SightlinePoint_3 做通视分析（图 8.29），其中三个数据集的被观察点与 SightlinePoint 相同，而观察点分别为 15 层东南、西南、西北方向的点。

（a）SightlinePoint_1 通视结果

（b）SightlinePoint_2 通视结果

图 8.29　通视结果

(c) SightlinePoint_3 通视结果

图 8.29（续）

三个不同观察点均可与国家体育场(鸟巢)通视，但通视情况为鸟巢的部分区域。

8.7　练　习　题

运用本实验数据，以数据集<Practice>为项目用地，做建设楼层数为 25（单层楼高为 3m）的选址分析，具体要求如下。

(1)保证城市天际线完好，以玲珑塔为地标建筑，将高程 100m，方位角 90°，俯仰角 0°作为观察位置。

(2)保证选址区域低楼层采光率大于 40%，中间楼层采光率大于 70%，高楼层采光率大于 80%。

(3)该用地建设住宅楼后对周边住宅的采光无影响，即建设前后周边采光率无变化。

(4)保证高楼层(21 层以上)与国家体育场(鸟巢)通视。

8.8　实　验　报　告

(1)根据实验数据，完成练习题，编写操作步骤。

(2)结合练习题的分析结果，请填写表 8.1。其中是否通视表示与鸟巢是否通视，通视结果包括：完全通视、部分通视、不通视。

表 8.1　楼层与采光率和通视关系

楼层	采光率/%	是否通视
3		
9		
24		

注：采光率在同一楼层因观测点不同而存在差异，绝大多数情况下将观测点的采光率值作为结果值。

8.9　思　考　题

(1)本案例中按照采样距离为 9m 做日照分析，生成了很多的采样点，虽然内容详尽，但分析区域变大会对性能造成较大的影响，能否通过其他的方式生成采光率信息，不但使得采样点缩减而且能全面反映选址区域的采光情况？

（2）思考一个城市的天际线是否只有一条，为什么？

（3）本案例中天际线分析使用的【观察模式】为"第一人称相机"，请尝试使用"自定义三维点"模式执行天际线分析，并概括出两种模式的异同。

（4）【三维空间分析】中包含【通视分析】与【可视域分析】，在标志性建筑可见步骤中能否使用【可视域分析】来判断可视性？

（5）本实验是通过已知项目具体位置进行日照分析和生成限高体的，那么，若无<ShadowRegion>数据集，要如何实现日照分析和生成限高体呢？

实验 9   并行计算与 GPU 计算

9.1   实 验 要 求

根据不同规模的 DEM 数据，进行如下分析。

(1) 从小规模 DEM 数据中提取区域的水系矢量数据。

(2) 运用 CPU 对较大规模的 DEM 数据进行并行化分析。

(3) 运用 GPU 对较大规模的 DEM 数据进行三维晕渲(HillShade)分析。

9.2   实 验 分 析

随着地理空间数据规模增大、复杂性增加、时效性增强，采用并行计算技术等技术来进行地理空间大规模数据的分析是必然趋势。并行计算技术涉及单机内的并行和多节点的并行，可进一步分为单机内、集群和分布式三个不同的层次。对地理空间数据实现并行处理，关键在于对数据和计算任务的分解。基于地表径流模型的水文分析过程涉及伪洼地填充、流向计算、汇水量计算、栅格水系提取、矢量水系提取等众多分析过程，属于计算密集型问题，因而，在进行并行计算时可以采用计算任务的分解策略。本实验以 DEM 应用为例，通过对地表水系网络的提取来帮助读者了解并行计算技术分析复杂大规模地理数据的效率与优势。实验要求(1)采用常规处理方法，理解水文分析的基本流程；实验要求(2)和(3)尝试比较并行与常规计算的效率差异。受实验环境的限制，本实验使用的是单机环境进行并行计算，分别采用 CPU 并行和 GPU 并行两种模式。

9.3   实 验 目 标

(1) 了解数据密集计算的思路与方法。

(2) 了解并行技术中 GPU 计算的原理和优势。

9.4   实 验 数 据

<DEM>：用于了解水文分析流程的数字地形栅格数据(962 行，1084 列)。

<DEM2>：用于并行化计算的较大规模数字地形栅格数据(9953 行，11321 列)。

<Point>：高程信息的点数据。

9.5   实 验 方 案 设 计

(1) 使用水文分析流程管理工具，对<DEM>数据进行水文分析，依次执行伪洼地填充、流向计算、汇水量计算、栅格水系提取、矢量水系提取等分析过程。

(2) 分别将并行计算线程数目设置为双线程和单线程，比较水文分析主流程的分析时间变化。

(3)配置本机环境为可进行 GPU 并行计算,分别测试并记录开启 GPU 计算和未开启 GPU 计算的三维晕渲时间。

9.6　实 验 步 骤

打开 SuperMap iDesktop,点击【开始】,选择数据源中【打开】,选择【文件型】,在【打开数据源】对话框中选择实验数据<Ex9.udb>。

9.6.1　<DEM>数据水文分析

1. 填充伪洼地

双击【工作空间管理器】中的栅格数据集<DEM>,在地图窗口中查看数据(图 9.1)。打开【分析】菜单下的【水文分析】窗口,如图 9.2 所示。

图 9.1　查看<DEM>数据

图 9.2　水文分析菜单

点击【填充伪洼地】,【数据集】选择"DEM",无需勾选【需要排除的洼地数据】,分别点击【准备】和【执行】,从而生成填充后的 DEM 数据集(图 9.3)。

在【地图窗口】中打开新生成的栅格数据集,观察填充后结果与原始栅格数据集的差异,可以右键查看栅格数据集的极值变化情况(图 9.4)。

图 9.3　填充伪洼地设置

图 9.4　填充伪洼地结果

也可以打开【数据】菜单下的【代数运算】窗口,计算出两个栅格数据集的差异部分,理解填充伪洼地的功能含义(图 9.5)。

图 9.5　代数运算菜单

【栅格代数运算】表达式和结果数据像素格式设置如图 9.6 所示。在【地图】窗口中打开栅格代数运算结果，观察洼地填充部分（图 9.7）。

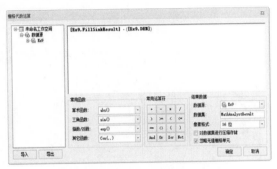

图 9.6　代数运算设置

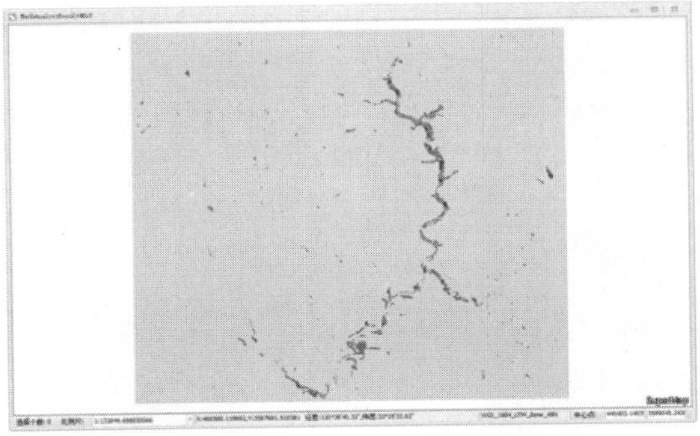

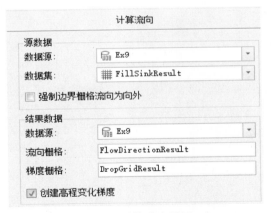

图 9.7　代数运算结果

2. 计算流向

点击左侧【计算流向】功能，【数据集】选择上一步生成的填充结果栅格，勾选【创建高程变化梯度】，分别点击【准备】和【执行】，从而生成流向数据集（图 9.8）。

在【地图】窗口中打开新生成的流向数据集（图 9.9），结合填充伪洼地过程中的栅格代数运算结果，观察洼地处的流向计算规律。

在【地图】窗口中打开新生成的梯度数据集，结合填充伪洼地过程中的栅格代数运算结果，观察洼地处的梯度变化规律（图 9.10）。

图 9.8　计算流向设置

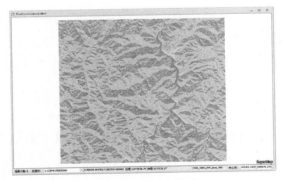

图 9.9　计算流向结果

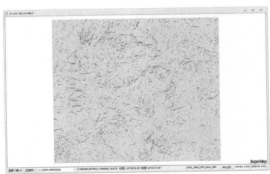

图 9.10　梯度计算结果

3. 计算汇水量

点击左侧【计算汇水量】功能，【数据集】选择上一步生成的流向栅格，无需勾选【权重数据】，分别点击【准备】和【执行】，从而生成汇水量数据集(图 9.11)。

在【地图】窗口中打开新生成的汇水量数据集，由于汇水量数据集中的栅格值具有值域突变的特点，因此需要在【图层管理器】窗口中右键设置栅格数据集颜色(图 9.12)，选择对比较强烈的颜色表(推荐使用粉红、红、绿、蓝四色带颜色表)，便于查看汇水量计算结果(图 9.13)。

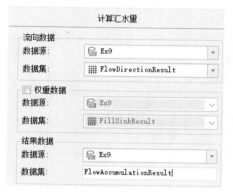

图 9.11　计算汇水量设置

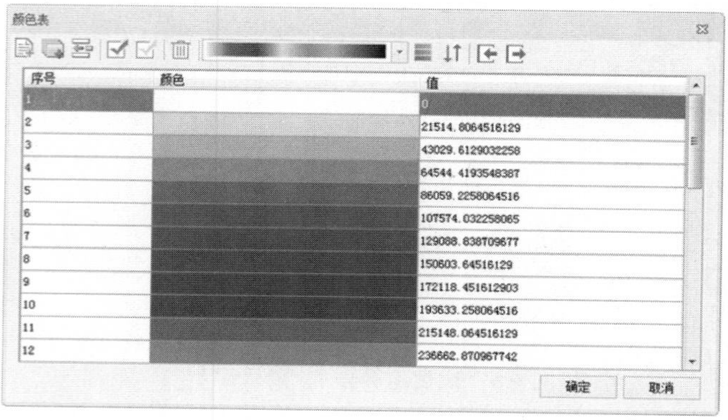

图 9.12　设置颜色表

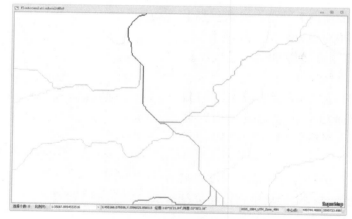

图 9.13　计算汇水量结果

4. 提取栅格水系

点击【提取栅格水系】，如图 9.14 所示。【汇水量数据】选择上一步生成的汇水量栅格，【阈值】使用默认值"1000"，【像素格式】选择"1 位无符号"，分别点击【准备】和【执行】，从而生成栅格水系数据集(图 9.15)。

5. 水系矢量化

点击【水系矢量化】(图 9.16)，【水系数据】选择上一步生成的水系栅格，【流向数据】选择前面生成的流向栅格，分别点击【准备】和【执行】，从而生成矢量水系数据集(图 9.17)。

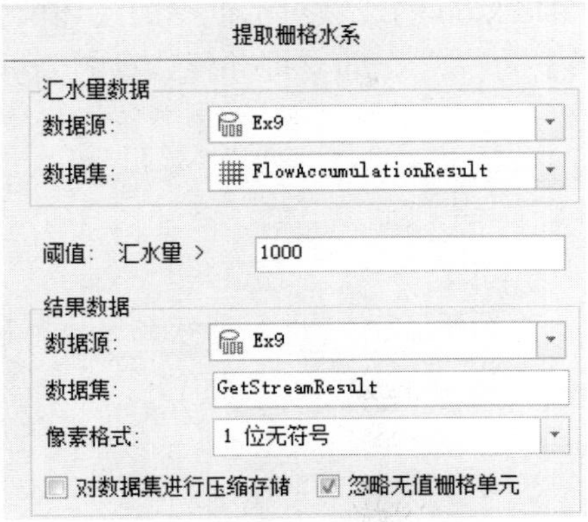

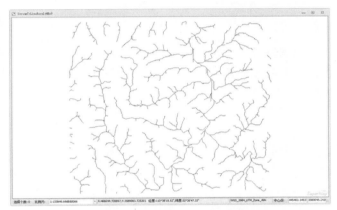

图 9.14　提取栅格水系设置 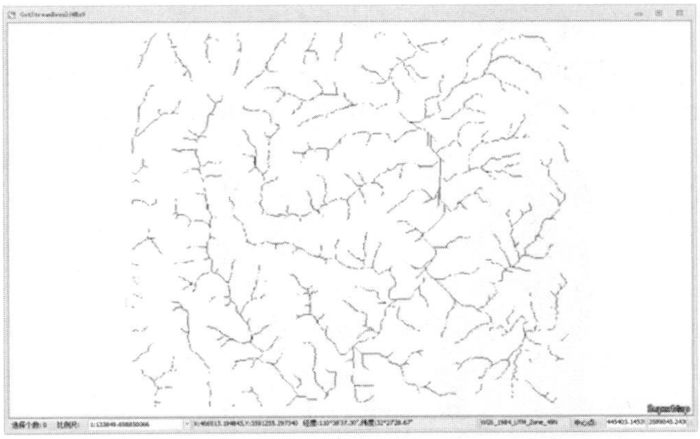　　　　　　　　图 9.15　提取栅格水系结果

图 9.16　水系矢量化设置　　　　　　　　图 9.17　水系矢量化结果

在【地图】窗口中打开新生成的矢量水系，并将原始 DEM 数据放置于水系数据下层，查看水系提取效果(图 9.18)。

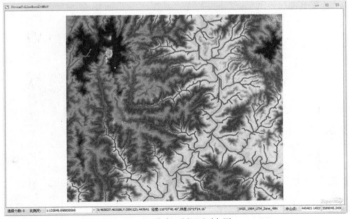

图 9.18　查看水系提取结果

9.6.2　<DEM2>数据并行计算

双击【工作空间管理器】中的栅格数据集<DEM2>，在地图窗口中查看数据(图 9.19)。

点击【文件】中的【选项】菜单项，查看 SuperMap iDesktop 的选项对话框中的【环境】选项卡(图 9.20)，确认目前软件默认的【并行计算线程数】为"2"，即支持并行计算的分析功能默认就按 CPU 双线程设置来进行分析计算。

图 9.19　查看<DEM2>数据

图 9.20　查看并行计算线程数默认值

点击打开【分析】菜单下的【水文分析】窗口，按水文分析流程，流程化进行从【填充伪洼地】到【水系矢量化】的一系列分析操作，即五个功能全部准备后一起执行(图 9.21)。

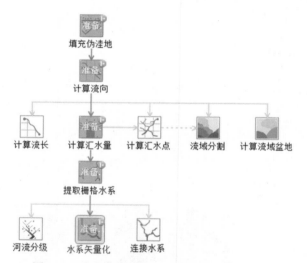

图 9.21　流程化对<DEM2>进行水文分析

全部执行成功后，观察并记录【输出窗口】中的双线程水文分析各步骤的执行时间(图 9.22)。可以重复执行多次记录平均时间。

填充伪洼地执行成功，生成数据集"FillSinkResult_1"，耗时：126.2402205秒。
计算流向执行成功，生成数据集"FlowDirectionResult_1"，耗时：9.0095153秒。
计算汇水量执行成功，生成数据集"FlowAccumulationResult_1"，耗时：34.3669656秒。
提取栅格水系成功。 生成数据集"GetStreamResult_1"，耗时：6.2163555秒。
水系矢量化执行成功，生成数据集"StreamToLineResult"，耗时：13.5207734秒。

图 9.22　双线程水文分析时间

再次点击【文件】中的【选项】菜单项，修改【环境】选项卡中的【并行计算线程数】为"1"，并点击【确定】，即修改为按单线程设置来进行分析计算(图 9.23)。

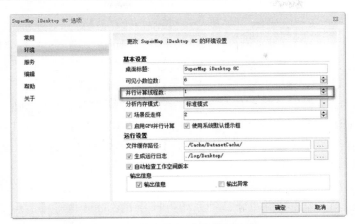

图 9.23　修改并行计算线程数为 1

再次流程化执行从【填充伪洼地】到【水系矢量化】的一系列分析操作，并记录【输出窗口】中的单线程水文分析各步骤的执行时间(图 9.24)。可以重复执行多次记录平均时间。

填充伪洼地执行成功，生成数据集"FillSinkResult_2"，耗时：194.1401041秒。
计算流向执行成功，生成数据集"FlowDirectionResult_2"，耗时：15.9439119秒。
计算汇水量执行成功，生成数据集"FlowAccumulationResult_2"，耗时：47.8117347秒。
提取栅格水系成功。　生成数据集"GetStreamResult_2"，耗时：8.0864625秒。
水系矢量化执行成功，生成数据集"StreamToLineResult_1"，耗时：15.9259109秒。

图 9.24　单线程水文分析时间

比较双线程和单线程各分析步骤的执行时间，可观察到双线程并行计算的性能优势。

9.6.3　<DEM2>数据 GPU 计算

点击【文件】中的【选项】菜单项，查看 SuperMap iDesktop 的选项对话框中的【环境】选项卡(图 9.25)，尝试勾选【启用 GPU 并行计算】，以确认软件运行环境是否支持 GPU 并行计算。

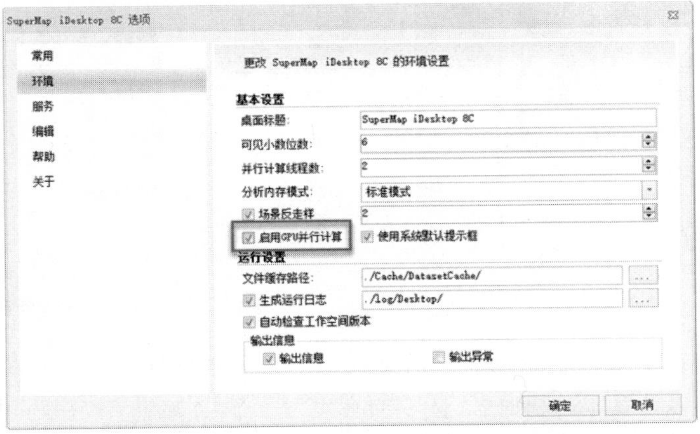

图 9.25　检测运行环境并开启 GPU 并行计算

如果当前运行环境支持 GPU 并行计算，则【输出窗口】中将给出如图 9.26 所示的提示，且勾选成功。

> 支持"CUDA"GPU并行计算。
> 支持"OpenCL"GPU并行计算。

图 9.26　运行环境支持 GPU 并行计算的提示

其中，"CUDA"和"OpenCL"分别是 GPU 并行计算使用的两种实现平台，对于三维晕渲图功能来说，支持两者中的任一种都表示着运行环境可以支持 GPU 并行计算。

如果勾选时给出两种平台技术都不支持的提示，则需要先确认系统硬件环境是否安装了有效的显卡，再确认是否有安装显卡驱动。以显卡为 NVIDIA GeForce GT 610 的机器为例，未安装显卡驱动时，勾选【启用 GPU 并行计算】时弹出如图 9.27 所示的提示框，提示不支持 GPU 并行计算，此时勾选不能成功。

这时就需要安装 NVIDIA 官方显卡驱动（图 9.28），此处安装的显卡驱动版本为 340.62，安装过程不再详述。安装完毕并重新启动系统再打开 iDesktop 执行【启用 GPU 并行计算】操作就可以了。

图 9.27　运行环境未安装显卡驱动的提示

图 9.28　安装显卡驱动

勾选【启用 GPU 并行计算】成功后，打开【分析】选项卡中【表面分析】菜单下的【三维晕渲图】窗口（图 9.29）。

为数据<DEM2>生成其三维晕渲图，参数默认使用如下设置（图 9.30）。

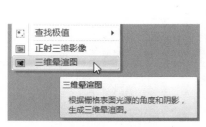

图 9.29　三维晕渲图功能位置

图 9.30　三维晕渲图参数设置

由于【输出窗口】不输出该功能分析时长，所以需要自行记录分析开始时刻，以计算出分析时长（图 9.31）。

分别测试并记录在关闭【GPU 并行计算】及修改【并行计算线程数】为 1 的环境设置下，该功能的分析时长，可运行多次取平均时间，形成如下表格（表 9.1）。

图 9.31　记录分析开始时刻

表 9.1　三维晕渲图 CPU 并行计算及 GPU 并行计算分析时长

时间/s	关闭【GPU 并行计算】	开启【GPU 并行计算】
【并行计算线程数】为 1	26	7
【并行计算线程数】为 2	16	5

观察实验结果可以发现，由于 SuperMap 的 GPU 并行计算使用 GPU 众核计算与 CPU 多核计算相结合的方式，因此调整它们中的任一项设置都将对分析性能产生影响。用户可根据系统运行环境自行调整并行设置参数。

9.7　练　习　题

(1) 参考地表水系的提取过程，基于 DEM 数据进行山谷线和山脊线的提取，并使用实验中提供的<DEM>数据进行实验验证。

(2) 使用<Point>数据进行 RBF 样条插值分析生成区域 DEM，高程字段使用 EVELATION，并切换并行计算线程数（如 1、2、4 线程），观察并记录不同线程数下的分析时间。

(3) 使用<DEM2>数据进行坡度计算，并切换 GPU 并行计算的开启关闭状态，观察并记录 GPU 计算和非 GPU 计算状态下的分析时间。

9.8　实　验　报　告

(1) 根据练习题要求，完成各项内容，并记录主要步骤。

(2) 对<Point>数据进行 RBF 样条插值，对<DEM2>数据进行坡度分析，统计它们在不同状态下的时间，并完成表 9.2 和表 9.3。

表 9.2　RBF 插值时间统计

线程	CPU 核数	CPU 利用率	RBF 插值时间
【并行计算线程数】为 1			
【并行计算线程数】为 2			
【并行计算线程数】为 4			

表 9.3　坡度分析时间统计

坡度分析	关闭【GPU 并行计算】	开启【GPU 并行计算】
【并行计算线程数】为 1		
【并行计算线程数】为 2		

(3) 完成下一小节的思考题目。

9.9　思　考　题

(1) 伪洼地填充过程与后续的流向计算和高程变化梯度数据之间有怎样的联系？

(2) 从汇水量数据集提取栅格水系的原理是什么，该功能是否可以使用【数据】菜单下的【代数运算】功能完成？

(3) 提取栅格水系时，【汇水量阈值】如何影响最终的水系提取效果，尝试设置不同的阈值进行水系提取。

(4)【计算流向】功能使用的 D8 算法有何局限性，是否有其他流向计算算法？

(5) 观察【填充伪洼地】处理的区域，从处理区域中裁剪出部分栅格再进行伪洼地填充，观察是否与原栅格填充结果存在差异，尝试解释原因。

(6) 结合【计算流向】结果，观察【填充伪洼地】处理的大片区域，该区域的流向计算结果具有哪些特点，是否可以模拟真实水流情况？

(7)【水系矢量化】结果和【计算流域盆地】结果有何对应关系？

(8) 在进行并行计算和 GPU 计算对比时，为什么会出现多次运行某分析，分析时间不同，且不同分析的并行提升比例不同的现象？

实验 10　道路事故分析与路径计算

10.1　实　验　要　求

　　根据给定的城市交通路网、医院、超市等相关数据，完成如下分析问题。

　　(1) 使用动态分段技术对交通事故和道路信息进行属性数据空间化和相关性分析。

　　(2) 根据交通事故发生地，查找最近的服务设施。

　　(3) 研究阻力设置对最佳路径选择的影响，给定访问顺序，按要求找出从 A 地出发，绕过若干访问点，最终到达目的地的最佳路径。

　　(4) 在网络中指定一些仓库，分别求出在全局平均、总费用最小限制下的配送方案。

　　(5) 基于超市数据，创建其不同服务半径下的服务区域。

10.2　实　验　分　析

　　本实验包含既相互联系又有区别的两个问题。实验要求(1)和(2)属于道路事故分析，实验要求(3)～(5)属于路径计算。

　　实验要求(1)在道路事故救援时，需要根据已有数据，利用动态分段技术制作路由数据进而得到事故发生位置，再使用最近设施查找得到距离最近的救援医院，而最近设施查找本质上是一种特殊化的最佳路径分析问题。城市基础设施服务中的服务区分析与多旅行商分析，其本质也是基于最佳路径计算的衍生和综合。因此，在实际问题求解中，选用何种网络分析方法进行问题求解至关重要。

　　实验要求(2)需要用到最近设施查找功能，指在网络上给定一个事件点和一组设施点，为事件点查找以最小耗费能到达的一个或多个设施点，结果为从事件点到设施点(或从设施点到事件点)的最佳路径。设施点是提供服务的设施，如学校、超市、加油站等；事件点则是需要设施点提供服务的事件位置。本实验中，需要查找距离事故点最近的 3 家医院。

　　实验要求(3)需要用到最佳路径分析功能，"最佳"可以是距离最短、成本最小、耗费时间最短、资源流量最大、线路利用率最高等。本实验中，计算一条从"西三小学"经"朝阳公园"(绕义和路、新民大街)到"湖光小区"的最佳路径，它本质是在一定的约束条件下的最短距离计算。

　　实验要求(4)需要用到多旅行商分析功能，是指网络数据集中，给定 M 个配送中心和 N 个配送目的地(M、N 为大于零的整数)，查找最经济有效的配送路径，并给出相应的运输路线。合理分配配送次序和送货路线，使配送总花费达到最小或每个配送中心的花费达到最小，是多旅行商分析所需解决的问题。实验中有两种分析模式，"全局平均最优方案"和"总花费最小方案"。

　　实验要求(5)需要用到服务区分析功能，它是依据给定的阻力值(即服务半径)为网络上提供某种特定服务的位置(即中心点)查找其服务的范围(即服务区)的过程。阻力可以是到达的时间、距离或其他任何花费。本实验中，7 个超市通过不同的服务半径来描述出该超市所能覆盖到的步行服务区、骑行服务区及驾车服务区。同时，该地的某个区域存在 9 个便民服务站，根据覆盖范围计算出服务站各自独立的服务区。需要注意的是，服务区分析与最近设施查找存在异同，它们均给定一组服务设施点，前者是给定阻力值，查找服务半径，后者是给定事件点，寻找从事件点到设施点的最佳路径。

10.3　实 验 目 标

（1）理解网络分析常用方法的基本原理。

（2）掌握动态分段技术、最近设施查找、最佳路径分析、多旅行商分析和服务区分析等网络分析工具的使用。

10.4　实 验 数 据

<roads>：线数据集，存储道路数据，其中，RouteID 字段为道路 ID。

<reference_point>：点数据集，存储对应道路的里程信息值，其中，RouteID 字段为该里程所属的道路 ID，Measure 字段为该点在道路上的相应里程值。

<accident>：属性表数据集，描述发生在道路上的交通事故。其中，RouteID 字段为交通事故发生的道路 ID，Measure 字段为交通事故发生的里程值，其他属性字段为描述交通事故的业务信息，如字段 Speed 取值 0～3，数值越大表示发生事故的车速越快。

<pavement>：属性表数据集，描述道路上不同路段的信息情况，包括路面宽度（pave width）、路面材料、车道数等信息。其中，RouteID 字段为该路段所属的道路 ID（一个路段只可能归属于一条道路），BEGIN_MP 为该路段的起点里程值，END_MP 为该路段的终点里程值，其他属性为描述路段信息的业务属性。

<RoadNet>：网络数据集，存储道路网络数据，其中 RoadName 字段为道路名称字段，TRule 字段为交通规则字段。

<RoadNet_TURN>：属性表数据集，存储转向数据，其中 NodeID 字段为转向节点字段，FEdgeID 字段为起始弧段 ID 字段，TEdgeID 字段为终止弧段 ID 字段，TurnCost 字段为转向耗费字段。

<point>：分析点数据。

<facilities>：最近设施查找中设施点数据。

：旅行商分析中心点数据。

<destination>：旅行商分析目的点数据。

<Network>：网络数据集，存储道路网络数据。

<service1>：超市点数据。

<service2>：便民服务站点数据。

10.5　实验方案设计

（1）根据已有道路数据和参考点，生成路由数据，并进行校准。

（2）根据生成的路由数据和事件表数据，生成几何对象。

（3）使用两种事件表数据叠加生成包含两种事件信息的事件表数据。

(4)使用网络数据和分析点进行最近设施查找，找到事件点附近符合要求的公共设施点。

(5)使用网络数据和分析点进行最佳路径分析，并进行障碍点、交通规则和转向表设置。

(6)使用网络数据和分析点进行多旅行商分析，分析出如何分配不同中心点和目的点的方案。

(7)使用网络数据和分析点进行服务区分析，了解各个服务中心点的覆盖范围。

10.6　实　验　步　骤

打开 SuperMap iDesktop，点击【开始】，选择数据源中【打开】，选择【文件型】，在【打开数据源】对话框中选择实验数据<Ex10.udb>。

10.6.1　生成路由数据集

1. 打开数据到地图

双击【工作空间管理器】中的线数据集<roads>，在地图窗口中查看数据。双击【工作空间管理器】中的点数据集<reference_point>，在地图窗口中查看数据。

2. 生成路由

打开【分析】菜单下的【动态分段】窗口(图 10.1)。

图 10.1　动态分段菜单

点击左侧【生成路由】，【生成方式】选择"线长度"，【路由标识字段】选择线数据集的"RouteID"字段，分别点击【准备】和【执行】，从而生成路由数据集(图 10.2)。

在【地图】窗口中打开新生成的路由数据集，选中某个路由对象后，右键菜单打开对象【属性】窗口，选择【节点信息】条目，注意观察路由对象的度量值，此时为根据路由实际长度计算得出(图 10.3)。

点击左侧【校准路由】，通过参考点数据集对上一步生成的路由数据集<Routes>进行校准，【刻度值字段】选择"Measure"，【校准方法】选择"按距离校准"，分别点击【准备】和【执行】，生成校准后新的路由数据集(图 10.4)。

图 10.2　生成路由　　　　　　　　　　图 10.3　查看路由数据集

　　在【地图】窗口中打开新生成的路由数据集，选中某个路由对象后，右键菜单打开对象【属性】窗口，选择【节点信息】条目，注意观察路由对象的结果，此时为根据参考点的 Measure 字段校准计算后的值（图 10.5）。

图 10.4　校准路由　　　　　　　　　　图 10.5　查看路由校准结果

10.6.2　交通事故动态分段

　　点击【生成空间数据】，通过交通事故事件表<accident>生成空间点数据。【事件类型】为"点事件"，【刻度字段】选择事件表中的"MEASURE"，【错误信息字段（可选）】选择"Error"，分别点击【准备】和【执行】，生成交通事故空间点数据（图 10.6）。

　　在【地图】窗口中打开新生成的空间点数据集，进行查看（图 10.7）。查看点数据对象数目，看是否与事件表<accident>中的记录数目一致，如果不一致，可以查看<accident>属性表中的 Error 字段值，其中记录了未生成空间数据的错误原因。其中包括间隙点、无对应路由、小于最小刻度、大于最大刻度等几种错误类型。

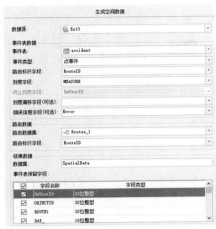

图 10.6　生成空间点数据　　　　　　　　　图 10.7　查看空间点数据

10.6.3　道路信息动态分段

点击【生成空间数据】，通过道路信息事件表<pavement>生成空间线数据。【事件类型】为"线事件"，【起始刻度字段】选择"BEGIN_MP"，【终止刻度字段】选择"END_MP"，【错误信息字段(可选)】选择"Error"，分别点击【准备】和【执行】，生成空间线数据(图10.8)。

在【地图】窗口中打开新生成的空间线数据集，进行查看(图10.9)。

查看线数据对象数目，看是否与事件表<pavement>中的记录数目一致，如果不一致，可以查看<pavement>属性表当中的"Error"字段值，其中记录了未生成空间数据的原因。其中包括首尾刻度相同、部分匹配、无对应路由、折线非法等几种错误类型。需要注意，部分匹配情况仍会生成结果空间线数据。

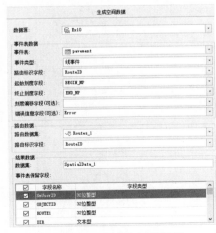

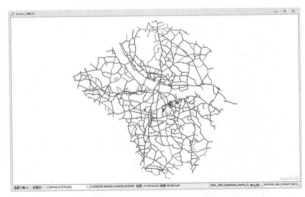

图 10.8　生成空间线数据　　　　　　　　　图 10.9　查看空间线数据

10.6.4　计算交通事故发生率

点击【叠加事件表】，通过点事件表和线事件表叠加生成同时包含事故信息和道路信息的新时间表(图 10.10)。【输入事件】中【事件类型】为"点事件",【叠加类型】选择"交集"。【叠加事件】中【事件类型】为"线事件",【起始刻度字段】选择"BEGIN_MP",【终止刻度字段】选择"END_MP",分别点击【准备】和【执行】,生成新的事件表(图 10.11)。

图 10.10　叠加事件表——输入事件 　　　　　图 10.11　叠加事件表——叠加事件

使用 SQL 查询(图 10.12),查询路面宽度小于等于 30 的道路上所有的交通事故,并将查询结果保存为新的属性表,结果记录数目为 4860。

使用 SQL 查询(图 10.13),针对新生成的属性表,查询与超速有关的交通事故,结果记录数目为 2081。

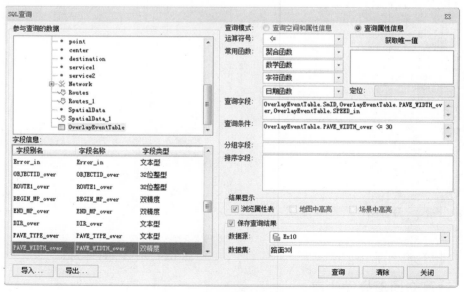

图 10.12　路面宽度 SQL 查询

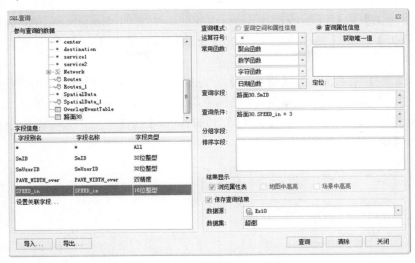

图 10.13 超速情况 SQL 查询

因此，路宽小于等于 30 的道路上，与超速有关的事故，占在这些道路上发生事故总数的百分比为 2081/4860 =42.82%。

10.6.5 最近设施查找

出现交通事故后，为了能够让伤员尽快就近就医，可以采用最近设施查找功能得到距离事故点较近的医院。打开【分析】菜单下的【拓扑构网】→【构建二维网络数据集】窗口（图 10.14）。在弹出的窗口处添加线数据集<roads>，并在打断模式中勾选【线线自动打断】，其他参数默认，然后点击【确定】。

现在对交通事故动态分段中得到的事故点数据集<SpatialData>中的第一条记录进行分析。右键选择点数据集<SpatialData>，并选择【浏览属性表】。

图 10.14 构建二维网络数据集窗口

在属性表中右键第一条记录，并选择【另存为数据集】。弹出对话框，在对话框中将【结果数据集类型】改为"点数据集"，并点击【确定】（图 10.15）。

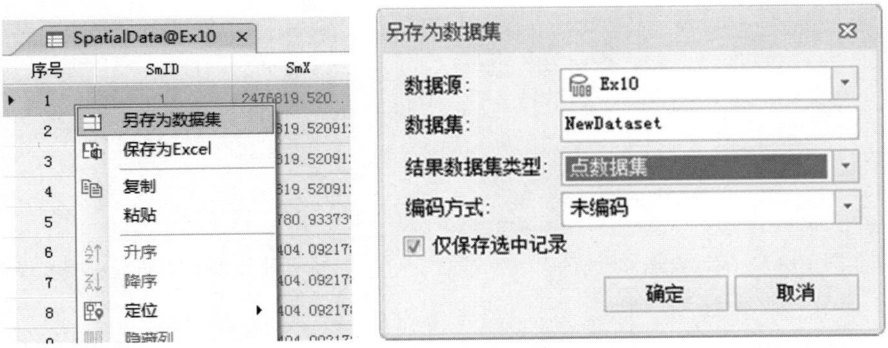

图 10.15 另存为数据集

在【地图视图】中打开生成的由<roads>数据集生成的<BuildNetwork>数据，在菜单栏中选择【分析】，在【网络分析】下选择【最近设施查找】，并勾选【实例管理】和【环境设置】。

在【实例管理】中右键选择【事件点】，选择【导入…】，在弹出的对话框【数据集】下拉菜单中选择<NewDataset>数据集，【名称字段】选择"LOCATION"，然后点击【确定】；右键选择【设施点】，选择【导入…】，在弹出的对话框【数据集】下拉菜单中选择<facilities>数据集，点击【确定】（图 10.16）。

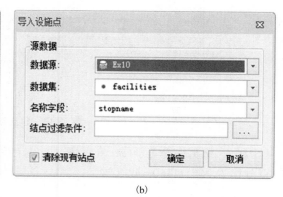

(a)　　　　　　　　　　　　　　　　　　(b)

图 10.16　导入事件点和设施点

在【实例管理】中点击参数设置按钮 ⚙，所有参数均取默认值。在【实例管理】中点击执行按钮 ▶，在地图中查看分析结果（图 10.17），这时可以得到距离事件点最近的 3 个设施点。

如果事故比较紧急，需要查找到距离事故点 5000m 以内的医院，则需要在【实例管理】中点击参数设置按钮 ⚙，将【查找半径】改为"5000"，点击【确定】，如图 10.18 所示。

在【实例管理】中点击执行按钮 ▶，在地图中查看分析结果（图 10.19），这时只会得到耗费值小于等于 5000 的结果。

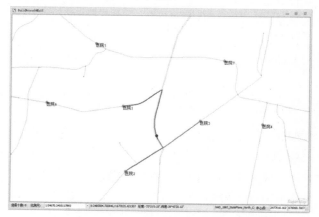

图 10.17　最近设施分析结果

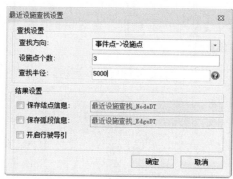

图 10.18　最近设施查找设置

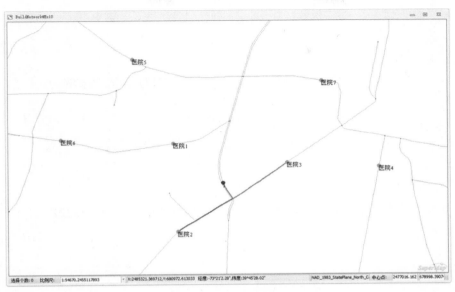

图 10.19　最近设施分析结果

10.6.6　最佳路径分析

双击【工作空间管理器】中的网络数据集<RoadNet>，在地图窗口中查看数据（图 10.20）。

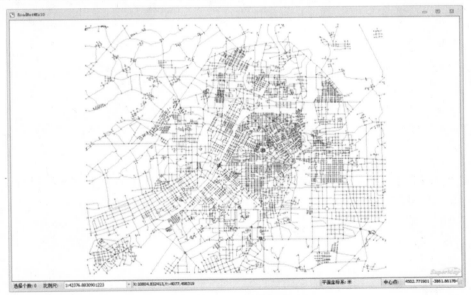

图 10.20　查看网络数据集

在菜单栏中选择【分析】→【网络分析】→【最佳路径分析】，并勾选【实例管理】和【环境设置】。设置分析点有两种方法：一是导入已有点数据集；二是在地图上使用鼠标点选。本练习使用已有数据进行分析。在【实例管理】中右键选择【站点】→【导入…】，弹出对话框，在对话框【数据集】下拉菜单中选择<point>，点击【确定】（图 10.21）。

图 10.21　导入站点

在【实例管理】中点击执行按钮 ▶，在地图中查看分析结果（图 10.22）。

图 10.22　最短路径分析结果

在【实例管理】中右键点击【结果路由】，选择【保存为数据集】，在弹出对话框中点击【确定】（图 10.23）。

图 10.23　选择结果路由

如果此时该地区"义和路"进入"新民大街"处路口正在维修，导致该路口禁止通行，那么可以在该路口设置一个障碍点，分析时就可以绕开维修路口。首先需要找到"义和路"与"新民大街"的位置，在【图层管理器】中右键点击网络数据集，选择【关联浏览属性数据】（图 10.24）。然后在网络数据集的属性表中选中"RoadName"字段，并右键选择【定位】→【定位…】（图 10.25）。

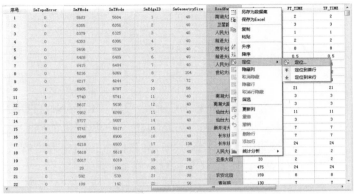

图 10.24　关联浏览属性数据选项　　　　　　　　　图 10.25　属性表定位

选择【定位条件】模式，点击右下角唤出【SQL 表达式】对话框。在对话框右下角找到"RoadNet.ROADNAME"字段，在 SQL 表达式输入框中写入"RoadNet.ROADNAME in ('义和路','新民大街')"，然后点击【确定】和【定位】（图 10.26）。

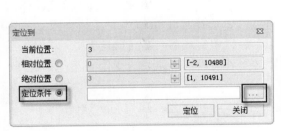

图 10.26　定位条件

此时在地图窗口中，所有路名（RoadName 字段值）为"义和路"和"新民大街"的道路已处于高亮选中状态，因此可以找到两条道路的交叉路口。

在【实例管理】中左键选择【障碍点】，再选择鼠标添加按钮 ＋，可以在"义和路"到"新民大街"处设置一个障碍点（图 10.27）。

在【实例管理】中点击执行按钮 ▶，对比设置障碍点前后结果路线的变化情况（图10.28）。

可以对照设置障碍点前的分析结果，观察设置障碍点对结果路线的影响。

城市交通中，由于交通流量限制或者道路修缮，需要对路径进行限制，此时可以使用转向表和交通规则功能来表达这种限制。假定车辆从"平阳街"由北向南方向行驶时不能右转至"解放大路"，那么，就需要通过转向表来限制这个转向。

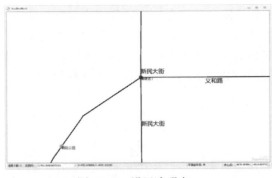

图 10.27　设置障碍点

图 10.28　最短路径分析结果

在【工作空间管理器】中选择转向表"RoadNet_TURN"，双击打开，可以添加一条转向表记录（图 10.29）。其中，NodeID 为网络数据集的路口结点 ID，设置为"4143"；FEdgeID 为"平阳街"弧段 ID，设置为"5165"；TEdgeID 为"解放大路"弧段 ID，设置为"3203"；Cost 字段值设置为"-1"（表示禁止转向）。

序号	SmID	SmUserID	NodeID	FEdgeID	TEdgeID	Cost
1	1	0	4143	5165	3203	-1

RoadNet_TURN@Ex10　　*RoadNet@Ex10*

图 10.29　转向表记录

点击【环境设置】→【转向表设置】，选择【设置转向表】（图 10.30）。

在弹出的对话框中勾选【启用转向表】，在【数据集】下拉菜单中选择"RoadNet_TURN"，【起始弧段字段】选择"FEdgeID"，【终止弧段字段】选择"TEdgeID"，【结点标识字段】选择"NodeID"，【结点耗费字段】选择"Cost"，设置完成后点击【确定】。

在【实例管理】中点击执行按钮 ▶，观察设置转向表前后结果路线的变化情况（图 10.31）。

图 10.30　设置转向表

图 10.31　最短路径分析结果

因为在城市交通路网中有一些路段只能单向通行，所以这里需要设置交通规则来控制道路的通行方向。

点击【环境设置】中【交通规则设置】按钮 ⊞，在弹出的对话框中勾选【启用交通规则】（图 10.32），在【交通规则字段】的下拉菜单中选择"TRULE"，【正向单行值】

设置为"FT"，【反向单行值】设置为"TF"，【禁止通行值】设置为"Forbidden"，点击【确定】。

在【实例管理】中单击执行按钮 ▶，查看设置交通规则前后结果路线的变化情况（图10.33）。

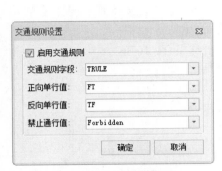

图 10.32　交通规则设置

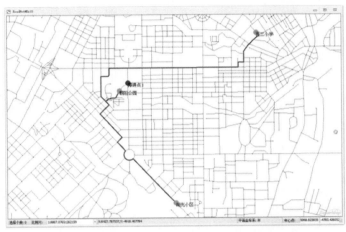

图 10.33　最短路径分析结果

10.6.7　物流配送

双击【工作空间管理器】中的网络数据集<RoadNet>，在地图窗口中打开数据。菜单栏中选择【分析】→【网络分析】→【物流配送】，并勾选【实例管理】和【环境设置】。

在【实例管理】中右键选择【配送中心点】，选择【导入…】，在弹出对话框【数据集】下拉菜单中选择"center"数据集，然后点击【确定】；右键选择【配送目的地】，选择【导入…】，在弹出对话框【数据集】下拉菜单中选择"destination"数据集，点击【确定】（图 10.34）。

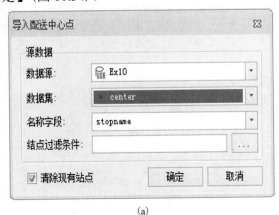

(a)

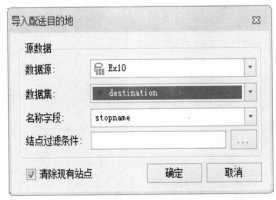

(b)

图 10.34　导入配送中心和目的地

图 10.35　物流配送设置

在【实例管理】中点击参数设置按钮 ⚙，物流分析共有两种分析模式，"全局平均最优方案"和"总花费最小方案"（图 10.35）。"全局平均最优方案"就是平均分配各个配送中心点线路的耗费，使分配出来的线路的耗费值较为接近，这样的结果不会出现某一个中心点线路耗费过大的情况；而"总花费最小方案"就是追求总体耗费最小的原则。首先使用"全局平均最优方案"进行分析。在【方案选择】中选择【全局平均最优方案】。

在【实例管理】中点击执行按钮 ▶，在地图中查看分析结果（图 10.36）。

图 10.36　物流配送分析结果

查看输出窗口的信息，记录各条线路的花费及总花费。

此时选择"总花费最小方案"进行分析。在【实例管理】中点击参数设置按钮 ⚙，在【方案选择】中选择【总花费最小方案】（图 10.37）。

在【实例管理】中点击执行按钮 ▶，在地图中查看分析结果（图 10.38）。

查看输出窗口的信息，记录各条线路的花费及总花费，可以与前面"全局平均最优方案"的耗费值进行对比。

图 10.37　物流配送设置

图 10.38　物流配送分析结果

10.6.8　服务区分析

双击【工作空间管理器】中的网络数据集<Network>，在地图窗口中查看数据（图 10.39）。

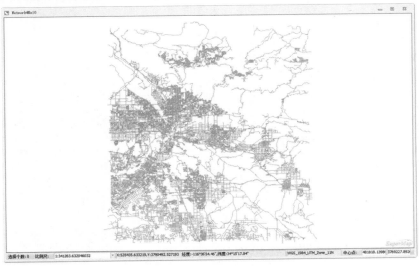

图 10.39　查看网络数据

在菜单栏中选择【分析】→【网络分析】→【服务区分析】，并勾选【实例管理】和【环境设置】。在【实例管理】中右键选择【服务站】，选择【导入...】，弹出对话框，在对话框中【数据集】下拉菜单中选择"service1"数据集，然后点击【确定】（图 10.40）。

现在需要给各个服务区设置服务半径，其中步行服务半径为 2000m，骑行服务半径为 5000m，驾车服务半径为 10000m。

这里先设置步行服务半径。在【实例管理】中点击参数设置按钮 ⚙，弹出【服务区分析设置】窗口，参照该图为所有服务站设置服务半径，具体值参考实验要求，然后点击【确定】（图 10.41）。

图 10.40　导入服务站点

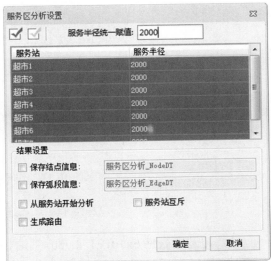

图 10.41　设置各个服务站步行服务半径

在【实例管理】中点击执行按钮 ▶，在地图中查看分析结果(图 10.42)。

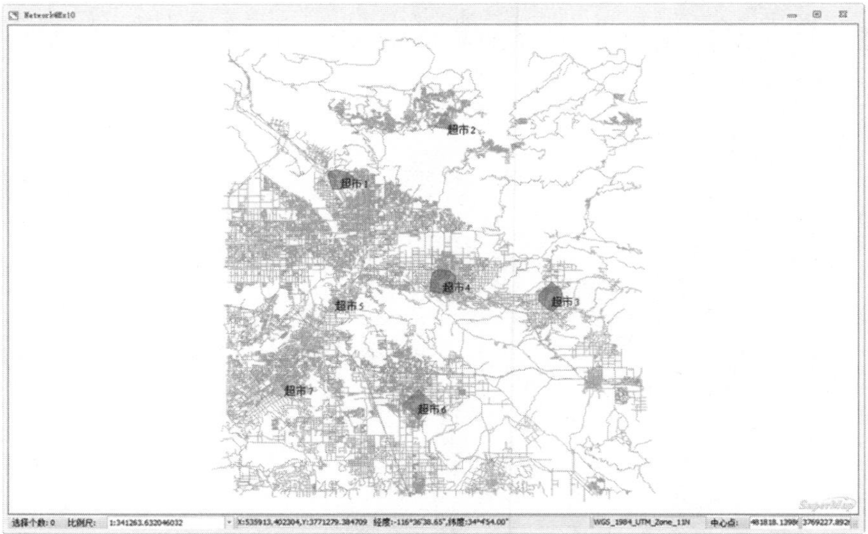

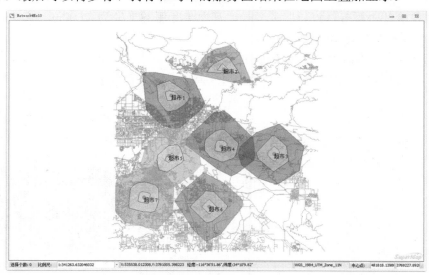

图 10.42　服务区分析结果

在输出窗口中统计了各个超市覆盖的面积及各个服务区线路的总耗费。

在【实例管理】→【分析结果】结点下可以点击右键将结果【保存为数据集】。然后可以根据以上的设置，分别对骑行和驾车的服务半径进行分析，同样将结果保存下来(图 10.43)。最后可以将步行、骑行和驾车的服务区结果在地图上叠加显示。

图 10.43　不同半径下服务区分析

10.7　练　习　题

(1)练习题数据见 Ex101E1_4.udb。某地(使用网络数据集<RoadNet>)居民楼发生火灾(使用点数据集<ex1_event>)，需要将伤员、病人送至距离事故点 200m 以内的医院或者急救站(医院、急救站使用点数据集<ex1_facilities>)。根据以上条件完成线路规划。

　　(2) 某地(使用网络数据集<RoadNet>)需要计划一条从"西三小学"经"朝阳公园"到"湖光小区"(使用点数据集<ex2_point>)的道路。其中本地路况有如下限制,"西三道街"不能转到"民康路","新民大街"与"清华路"路口处发生交通事故暂时无法通行。根据这些限制完成线路规划。

　　(3) 某地(使用网络数据集<RoadNet>)有一家电商的 3 个仓库(使用点数据集<ex3_center>),某天收到订单 14 条(使用点数据集<ex3_destination>),需要规划出来全局平均最优和总花费最小两种方案。

　　(4) 某城市中某区域(使用网络数据集<RoadNet>)存在 5 个超市(点数据为<ex4_supermarket>),不同超市覆盖范围不同,超市 1 服务半径为 400,超市 2 服务半径为 400,超市 3 服务半径为 500,超市 4 服务半径为 500,超市 5 服务半径为 200。请根据服务区分析的要求设置分析参数,确定各个超市的实际覆盖面,以及估算出哪些区域被多个超市覆盖。

10.8　实验报告

　　根据实验数据,完成练习题,编写操作步骤。

　　(1) 根据 10.6.1 节生成路由数据集,生成路由数据并校准,最后确认生成的路由对象数有多少。

　　(2) 根据 10.6.2 节交通事故动态分段,生成交通事故对象,确认出现交通事故的路段,并确认事故的对象数,同时观察交通事故事件表,里面的记录中有多少条记录没有生成事故对象。

　　(3) 根据 10.6.3 节道路信息动态分段,生成道路动态,确认生成的对象数及事件表中错误的记录数。

　　(4) 根据 10.6.4 节计算交通事故发生率,首先得到宽度小于等于 30 的道路上所有交通事故的记录数,然后依照这个条件再次查询与超速有关的交通事故,最终计算出在该路网上发生事故总数的百分比。

　　(5) 参考 10.6.5 节最近设施查找,使用练习题 1 的数据,计算出距离火灾点最近的 3 家医院,并得到具体耗费,然后使用距离限制后再次进行最近医院计算,结果得出医院数目和耗费。

　　(6) 参考 10.6.6 节最佳路径分析,使用练习题 2 的数据,计算出从西三小学经朝阳公园到达湖光小区的总耗费,然后计算出添加了障碍点、转向表后的总耗费,比较这些结果。

　　(7) 参考 10.6.7 节物流配送,使用练习题 3 的数据,生成一个全局平均最优的配送方案,计算出有多少条配送线路,以及每条线路的耗费值,然后生成一个总花费最小的方案,对比两个方案的结果,分析线路总数和线路耗费有什么异同。

　　(8) 参考 10.6.8 节服务区分析,使用练习题 4 的数据,计算出这 5 家超市的覆盖范围,以及被多个超市服务范围覆盖的区域。

10.9　思　考　题

　　(1) 是否可以不进行校准路由,而在【生成路由】过程中,【生成方式】选择"线参考点"进行路由数据集的生成?

　　(2) 由于空间数据一般都是通过事件表动态生成的,因此是否可以建立路由数据集、事件表、空间数据三者之间的联动关系,使得关系建立后,使用者在动态更新事件表中的刻度值时,对应的空间数据可以做到同步动态更新?可以自己尝试使用动态分段中的【关系管理】

功能，进行了解和掌握。

（3）在进行网络分析时，如何控制分析结果不经过某一特定线路？

（4）当网络数据中存在两个或者多个不连通的部分，而这两部分都有分析点时，最佳路径分析会如何处理？

（5）如果最佳路径分析失败，考虑哪些因素会导致分析没有结果？

（6）什么是互斥服务区？互斥服务区与普通服务区有什么区别？

（7）服务区分析时，在【服务区分析设置】中选择了【从服务站开始分析】，那么请思考什么情况下会对分析结果有影响，并且为什么会有这样的影响？

实验 11　动物生境选择

11.1　实　验　要　求

已知某濒危生物可能的生境条件是：海拔 1500~2000m；地势比较平坦，要求坡度值小于 20°；与河流较近，距离河流应小于 300m。根据已有的高程和河流数据，完成下列分析。

(1)选择合适的方法，计算适合某濒危生物生境的各指标空间分布区域。

(2)运用 GIS 空间分析工具，确定某濒危生物候选区域。

11.2　实　验　分　析

筛选出同时满足多个指标条件的目标区域，称为选址分析，如动物生境的选择、人类宜居环境的评价、植物栽培地的选择和垃圾场选址等。某濒危生物可能的生境条件包括海拔、坡度与距河流的远近三个指标，且假定三个指标同等重要。实验的基本思路是，首先提取满足条件的海拔、坡度空间分布区域，然后运用栅格距离计算或者缓冲区分析方法确定满足距河流远近要求的区域，最后将三个指标区域叠加即可得到某濒危生物候选区域。由于三个指标同等重要，因此各指标区域叠加时不考虑权重影响。解决这类问题的基本步骤是，收集与选择指标相关的所有图层、栅格代数运算、栅格距离计算、图层叠加分析和结果输出。

11.3　实　验　目　标

(1)了解动物生境指标选择的方法。

(2)掌握栅格计算的基本操作。

11.4　实　验　数　据

\<dem>：高程数据。

\<river>：河流数据。

\<area>：研究区范围数据。

11.5　实验方案设计

计算濒危生物的可能生存区域，需要综合海拔、地势、河流等因素，获得满足条件的区域：

(1)通过栅格分析计算可能的候选区域。

(2)通过面积查询得到面积较大的候选区域。

11.6　实　验　步　骤

打开 SuperMap iDesktop，点击【开始】，选择数据源中【打开】，选择【文件型】，在【打开数据源】对话框中选择示例数据<Ex11.udb>。

11.6.1　选择适当高程

选择菜单【数据】→【数据处理】→【代数运算】，如图 11.1 所示。

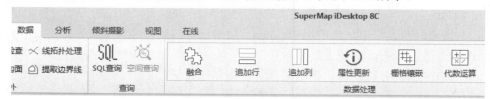

图 11.1　代数运算菜单

弹出【栅格代数运算】对话框：在表达式输入框中输入 "Con([Ex11.dem] >1500 & [Ex11.dem] <2000, 1,0)"，表示如果栅格值大于 1500 并且小于 2000 时，结果数据集的栅格值为 1，否则为 0；在【结果数据】中的【数据集】输入框中输入 "DEMResult"，【像素格式】选择 "16 位"；其他参数保持默认，点击【确定】（图 11.2）。

图 11.2　栅格代数运算提取适当高程区域

栅格代数计算完成后会得到<DEMResult>数据集，双击打开到新的地图窗口中（图 11.3）。

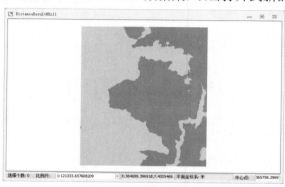

图 11.3　栅格代数高程运算结果

11.6.2 选择平坦区域

1. 进行坡度分析

选择菜单【分析】→【栅格分析】→【表面分析】，在【表面分析】的下拉菜单中选择【坡度分析】(图 11.4)。

弹出【坡度分析】对话框：在【源数据】→【数据集】中选择"dem"，在【结果数据】→【数据集】输入框中输入"SlopeTemp"，其他参数默认，点击【确定】(图 11.5)。

在坡度分析结束后得到"SlopeTemp"数据集，打开<SlopeTemp>数据集到新的地图窗口中(图 11.6)。

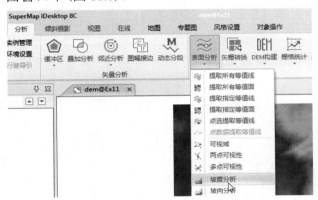

图 11.4　表面分析菜单

图 11.5　坡度分析对话框

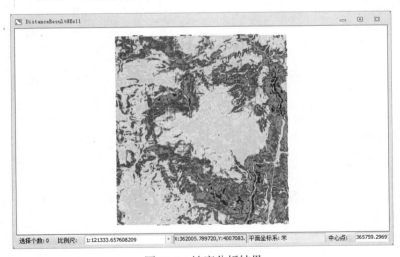

图 11.6　坡度分析结果

2. 进行栅格代数计算

选择菜单【数据】→【数据处理】→【代数运算】，在【栅格代数运算】对话框中：表达式输入框中输入"$Con($ [Ex11.SlopeTemp] < 20, 1, 0)"；在【结果数据】中的【数据集】输入框中输入"SlopeResult"，【像素格式】选择"16 位"；其他参数保持默认，点击【确定】(图 11.7)。

图 11.7　栅格代数运算提取特定坡度区域

栅格代数计算完成后得到<SlopeResult>数据集，双击打开到新的地图窗口中(图 11.8)。

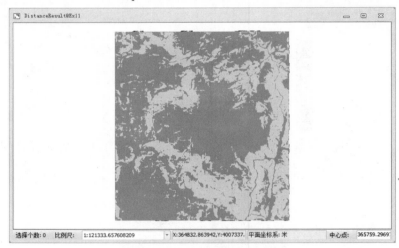

图 11.8　栅格代数坡度运算结果

11.6.3　靠近河流

1. 生成距离栅格

选择菜单【分析】→【栅格分析】→【距离栅格】，在【距离栅格】的下拉菜单中选择【生成距离栅格】(图 11.9)。

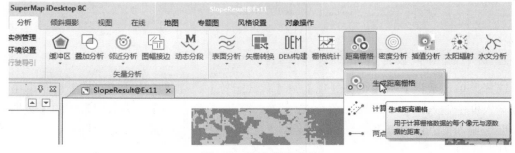

图 11.9　距离栅格菜单

弹出【生成距离栅格】对话框：在【源数据】→【数据集】中选择"river"；在【结果数据】中，由于只需要距离数据集，所以将【方向数据集】和【分配数据集】的输入框设置为空，设置【距离数据集】为"DistanceGrid"；在【参数设置】中，设置【最大距离】为"300"；其他参数默认，点击【确定】（图 11.10）。

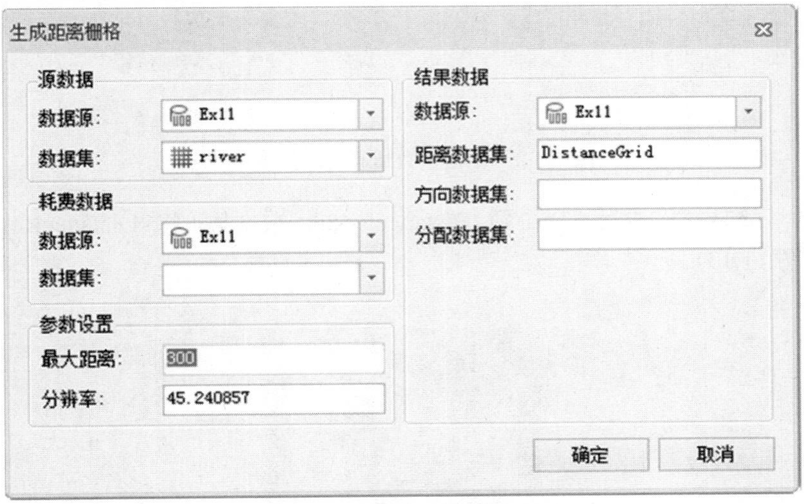

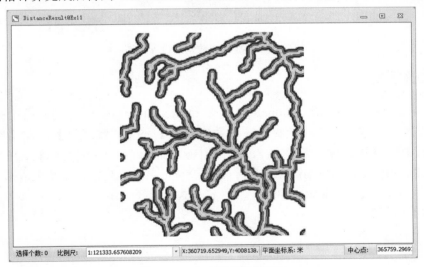

图 11.10　生成距离栅格对话框

距离栅格计算完成后得到<DistanceGrid>数据集，双击打开到新的地图窗口中（图 11.11）。

图 11.11　生成距离栅格结果

2. 栅格代数运算

选择菜单【数据】→【数据处理】→【代数运算】，在【栅格代数运算】对话框中：表达式输入框中输入"$Con(IsNull([Ex11.DistanceGrid]),0,1)$"；在【结果数据】中【数据集】输入框中输入"DistanceResult"，【像素格式】选择"16 位"；其他参数保持默认，点击【确定】（图 11.12）。

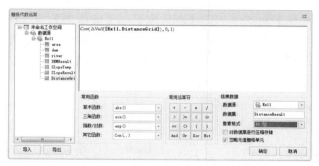

图 11.12　栅格代数运算提取距离区域

栅格代数运算计算完成后，会得到<DistanceResult>数据集，将<DistanceResult>数据集添加到地图中（图 11.13）。

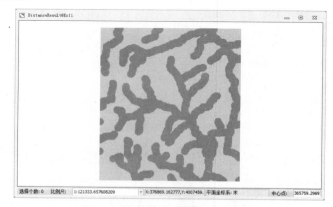

图 11.13　栅格代数距离运算结果

11.6.4　候选区域

使用<area><DEMResult><SlopeResult>和<DistanceResult>数据集，通过栅格代数运算计算候选区域。选择菜单【数据】→【数据处理】→【代数运算】，在【栅格代数运算】对话框中：表达式输入框中输入"$Con([Ex11.area]>0,Con(([Ex11.DEMResult]+[Ex11.SlopeResult]+[Ex11.DistanceResult])==3,1,-9999),-9999)$"；在【结果数据】中【数据集】输入框中输入"CandidateResult"，【像素格式】选择"16 位"；其他参数保持默认，点击【确定】（图 11.14）。

图 11.14　栅格代数运算计算候选区域

栅格代数运算完成后，得到<CandidateResult>数据集，打开<CandidateResult>数据集到新地图窗口中（图 11.15）。

图 11.15　候选区域结果

11.6.5　筛选较大生存区域

1. 栅格矢量化

选择菜单【分析】→【栅格分析】→【矢栅转换】→【栅格矢量化】（图 11.16）。

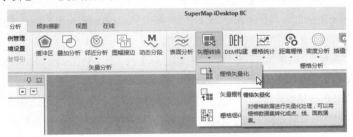

图 11.16　栅格矢量化菜单

在【栅格矢量化】对话窗口中：【源数据】→【数据集】选择<CandidateResult>数据集；【结果数据】→【数据集类型】选择<面数据集>，【数据集名称】中输入"VectorizeResult"；其他参数默认，点击【确定】（图 11.17）。

图 11.17　栅格矢量化对话框

在栅格矢量化完成后，得到<VectorizeResult>数据集，打开<area>数据集和<VectorizeResult>数据集到地图窗口中(图 11.18)。

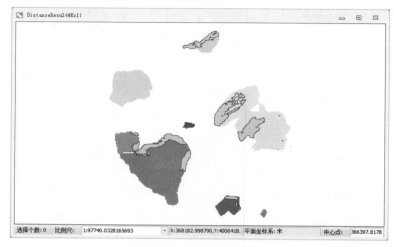

图 11.18　栅格矢量化结果

2. SQL 查询

点击【数据】→【查询】→【SQL 查询】，在【SQL 查询】对话框中：【参与查询的数据】中选择<VectorizeResult>；【查询字段】中输入"VectorizeResult.*"；【查询条件】中输入"VectorizeResult.SmArea > 100000"，选择面积大于 10 万 m^2 的区域；【排序字段】中，首先选择排序字段输入框，然后双击左侧【字段信息】中的"VectorizeResult.SmArea"，这时【排序字段】输入框中会增加一行以"VectorizeResult.SmArea"排序的行，默认为"升序"，双击"升序"，会出现下拉选择项，选择"降序"；勾选【保存查询结果】，并在【数据集】中输入"BetterArea"；点击【查询】(图 11.19)。

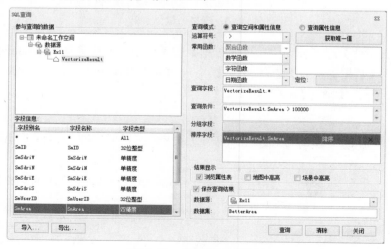

图 11.19　SQL 查询对话框

查询完成后得到数据集<BetterArea>，打开<BetterArea>到地图中。<BetterArea>就是最终分析出的某濒危动物适宜生存的区域(图 11.20)。

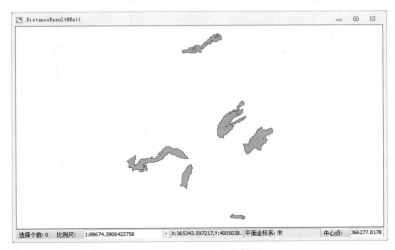

图 11.20　SQL 查询结果

11.7　练　习　题

　　运用该实验数据，根据以下条件计算濒危生物的可能生存区域。

　　(1)生存在海拔 1500～2300m 的区域，但 1500～1900m 是已知的最佳生存海拔，影响因子为 1，1900～2300m 海拔也较适宜该物种的生存，影响因子为 0.8。其他情形下不可能出现该物种，影响因子为 0。

　　(2)要选择平坦的地区，要求对坡度值 X 进行坡度等级划分：平坡 $X \leqslant 5°$，缓坡 $5° < X \leqslant 15°$，斜坡 $15° \leqslant X \leqslant 25°$，陡坡 $25° < X \leqslant 35°$，急坡 $35° < X \leqslant 45°$，险坡 $X > 45°$。影响因子按照坡度等级依次赋值 1、0.8、0.6、0.4、0.2、0。

　　(3)该物种靠近河流，一般生存在河流 500m 范围内。在河流 500m 范围内影响因子为 1，其他情形下影响因子为 0。

11.8　实 验 报 告

　　(1)实验操作中得到的<BetterArea>区域是面积大于 10 万 m^2 的区域，如果要求所有可能的生存区域向外扩大 500m，最后得到的区域中最大的面积是_____ m^2，候选区域总面积为_____ m^2，并制作出候选区域及其向外扩大的地图。

　　(2)根据濒危生物受距离河流的影响，试完成表 11.1。

表 11.1　濒危生物受距离河流的影响

距离河流/m	最大候选区域面积/m²	大于 10 万 m² 的区域个数
200		
300		
500		
600		

　　(3)根据实验数据，完成练习题，制作该濒危生物最可能的候选区域(影响因子累加值等

于 3) 和较可能(影响因子累加值大于等于 2.8)的候选区域地图，并列出关键性的操作步骤。

(4) 为保护濒危物种，某地拟设立保护区，保护区范围为四边形，四个角点的坐标数据见 Ex11/保护区范围.xls，道路、监测站和市界数据见 Ex11/E4.udb 数据源。已知该保护区管理中心位于坐标(468696.021，4904644.220)处。

 a. 该保护区面积约_____km^2。

 b. 现需要将保护区整体向外扩大 2km，新增加的保护区范围约有____km^2。

 c. 现计划在该保护区几何中心处修建观测塔，其具体经纬度坐标应为_____。

 d. 计算观测塔到保护区管理中心的距离为：_____。

请写出上述问题的解决方法(含操作工具及设置的关键参数)。

11.9 思　考　题

(1) 在实验步骤中，进行【栅格代数运算】时是否可以使用【栅格重分级】代替？它们各自有什么优点或不足？

(2) 在【栅格矢量化】时，通过【计算距离栅格】方式计算出河流 300m 范围内的区域，是否可以用其他方式计算？

(3) 在进行候选区域栅格【代数运算】时，输入的表达式为："Con([Ex11.area]>0, Con(([Ex11.DEMResult]+[Ex11.SlopeResult] + [Ex11.DistanceResult]) == 3,1,−9999),−9999)"，即使用了−9999 对一些栅格值进行填充，试理解栅格数据集中无值的概念，并了解无值的用途。

实验 12　购房区位评估

12.1　实 验 要 求

假定居民购房一般依据以下四个因素：①安全及健康。居住地点在加油站 300m 以外，距离一级道路和高架桥 100m 以外，距离二级道路 80m 以外，距离汽车站 300m 以外。②户外活动和自然环境。便于闲暇时间散步休息，靠近公共运动场所，居住地点距离大型绿地不超过 600m。③生活设施。便于购买生活用品，靠近大型百货商场和超市，居住地点距离百货商场和超市不超过 500m。④教育设施。居住地点距离小学不超过 500m。

根据城市基础地理数据，完成下列分析。

(1)选择合适的方法，计算影响居民购房各指标因素的理想范围。

(2)采用叠加分析方法，确定居民购房的适宜区域。

12.2　实 验 分 析

本实验与实验 11 在方法上基本一致，但属于两类性质完全不一样的应用问题。这样安排的目的是让读者理解不同应用问题可能具有相同的解决思路，两个实验任选其一即可。

居民购房考虑的因素包括安全及健康、户外活动和自然环境、生活设施和教育设施。安全及健康考虑的是远离危险物或者嘈杂的环境，如居住地点在加油站 300m 以外和高架桥 100m 以外，因而首先需要利用缓冲区分析确定这些要素的影响范围，它们是居民购房不予考虑的区域。而户外活动和自然环境、生活设施和教育设施考虑的是使用设施的便利程度，利用缓冲区分析可以确定满足居民生活需求的区域。根据各因素空间影响的差异，还可以建立非均质缓冲区来更精确地表达区位因素的影响范围。

依据购房区位选择影响因素的重要程度，可将各因素赋予不同权重。本实验中假定影响居民购房的四个因素同等重要，因此，直接将四个因素的缓冲区数据层叠加即可得到居民购房的适宜区域。

12.3　实 验 目 标

(1)了解居民购房区位因素选择的方法。

(2)掌握矢量叠加的基本操作。

12.4　实 验 数 据

<area>：区域面数据。

<river>：河流数据。

<greenbelt>：绿地数据。

<poi>：加油站、汽车站、超市、学校等信息点数据。

<road>：道路数据。

12.5　实验方案设计

第一种方案：对于安全及健康要素采用缓冲、合并、擦除，对于户外活动和自然环境、生活设施、教育设施采用缓冲、合并，最后将这两类结果进行叠加。

第二种方案：缓冲区分析和距离量测结合。

12.6　实　验　步　骤

打开 SuperMap iDesktop，点击【开始】，选择数据源中【打开】，选择【文件型】，在【打开数据源】对话框中选择实验数据<Ex12.udb>。

12.6.1　远离加油站

1. 打开数据到地图

选择数据集<poi>，双击数据集添加到地图中，在【图层管理器】中选择图层<poi@Ex12>，在弹出的右键菜单中，选择【对象选择风格…】（图 12.1）。

在【点符号选择器】窗口中：【符号宽度】中设置为"5.4"mm，【符号颜色】选择"黑色"，点击【确定】（图 12.2）。

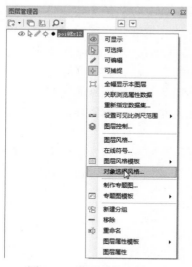

图 12.1　设置对象选择风格

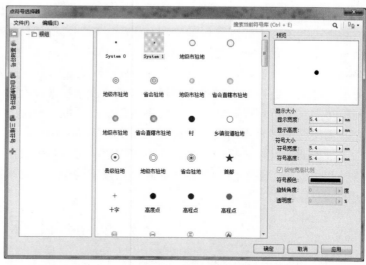

图 12.2　点符号选择器

2. SQL 查询

点击【数据】→【查询】→【SQL 查询】。在【SQL 查询】对话框中（图 12.3）：【参与查询的数据】中选择"poi"；【查询模式】选择【查询空间和属性信息】；将光标定位到【查询字段】输入框中，然后在【字段信息】中双击"poi.*"，或者直接在【查询字段】输入框中输入"poi.*"；【查询条件】中输入"poi.NAME like '%加油站'"；【结果显示】中勾选【地图中高亮】。点击【查询】，得到查询结果（图 12.4）。

图 12.3　SQL 查询加油站设置

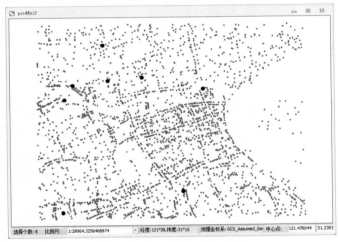

图 12.4　SQL 查询加油站结果

3. 生成缓冲区

点击【分析】→【矢量分析】→【缓冲区】，在【缓冲区】下拉菜单中选择【缓冲区】。在【生成缓冲区】对话框中：【缓冲半径】选择【数值型】，输入"300"，【单位】选择"米"；【结果数据】中【数值集】输入"gasstation_buffer"；【结果设置】中勾选【合并缓冲区】；点击【确定】（图 12.5）。得到加油站缓冲区范围如图 12.6 所示。

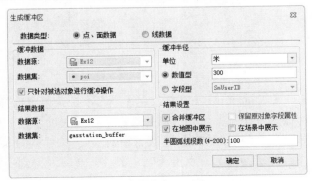

图 12.5　加油站缓冲区分析设置

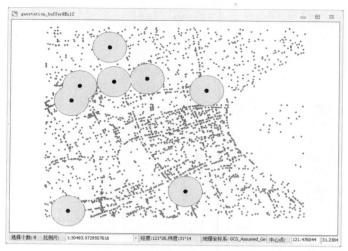

图 12.6   加油站缓冲区分析结果

12.6.2   远离一级道路和高架桥

1. SQL 查询

选择数据集<road>，双击数据集添加到地图中，点击菜单【数据】→【查询】→【SQL 查询】。在【SQL 查询】对话框中：【参与查询的数据】中选择"road"，【查询字段】中输入"road.*"，【查询条件】中输入"road.REMARK = '一级道路' OR road.REMARK = '高架桥'"，【结果显示】中勾选【地图中高亮】，点击【查询】(图 12.7)。

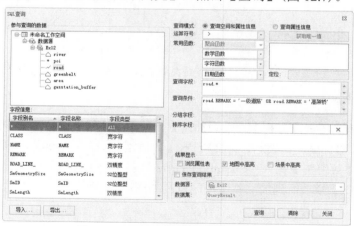

图 12.7   SQL 查询道路和高架桥设置

2. 生成缓冲区

点击菜单【分析】→【矢量分析】→【缓冲区】，在下拉菜单中选择【缓冲区】。在【生成缓冲区】对话框中：【缓冲类型】选择【圆头缓冲】；【缓冲半径】选择【数值型】，并输入"100"，【单位】选择"米"；【结果数据】的【数据集】输入框中输入"FirstLevelRoad_buffer"；【结果设置】中勾选【合并缓冲区】；点击【确定】(图 12.8)。得到一级道路和高架桥缓冲区范围如图 12.9 所示。

图 12.8　线缓冲区分析设置

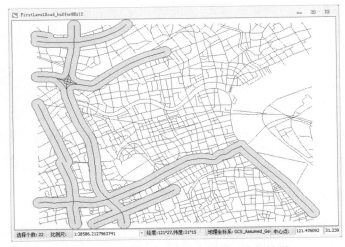

图 12.9　一级道路和高架桥缓冲区分析结果

12.6.3　远离二级道路

1. SQL 查询

选择数据集<road>，双击数据集添加到地图中，点击菜单【数据】→【查询】→【SQL 查询】。在【SQL 查询】对话框中：【参与查询的数据】中选择 "road"，【查询字段】中输入 "road.*"，【查询条件】中输入 "road.REMARK ＝ '二级道路'"，【结果显示】中勾选【地图中高亮】。

2. 生成缓冲区

点击菜单【分析】→【矢量分析】→【缓冲区】，在下拉菜单中选择【缓冲区】。在【生成缓冲区】对话框中：【缓冲类型】选择【圆头缓冲】；【缓冲半径】选择【数值型】，并输入 "80"，【单位】选择 "米"；【结果数据】的【数据集】输入框中输入 "SecondLevelRoad_buffer"；【结果设置】中勾选【合并缓冲区】；点击【确定】，结果如图 12.10 所示。

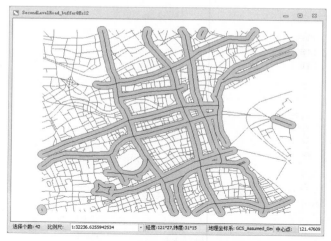

图 12.10   二级道路线缓冲区分析结果

12.6.4   远离汽车站

1. SQL 查询

选择数据集<poi>，双击数据集添加到新的地图窗口中，在【图层管理器】中选择图层<poi@Ex12>,在右键菜单中选择【图层风格】，在【点符号选择器】中设置符号颜色为"黑色；淡色 50%"，点击【确定】返回地图窗口。点击菜单【数据】→【查询】→【SQL 查询】。在【SQL 查询】对话框中：【参与查询的数据】中选择"poi"，【查询模式】中选择【查询空间和属性信息】，【查询字段】中输入"poi.*"，【查询条件】中输入"poi.REMARK = '长途车站'"，【结果显示】中勾选【地图中高亮】，点击【查询】。

2.   生成缓冲区

点击菜单【分析】→【矢量分析】→【缓冲区】，在下拉菜单中选择【缓冲区】。在【生成缓冲区】对话框中：【缓冲半径】选择【数值型】，并输入"300"，【单位】选择"米"；【结果数据】的【数据集】输入框中输入"BusStation_buffer"；【结果设置】中勾选【合并缓冲区】；点击【确定】，结果如图 12.11 所示。

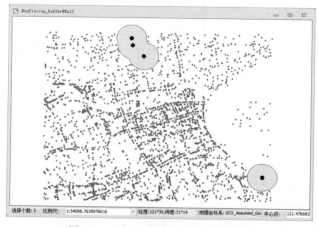

图 12.11   长途车站缓冲区分析结果

12.6.5　靠近超市

1. SQL 查询

选择数据集<poi>，双击数据集添加到新的地图窗口中，设置图层<poi@Ex12>符号颜色为"黑色;淡色 50%"。

点击菜单【数据】→【查询】→【SQL 查询】。在【SQL 查询】对话框中：【参与查询的数据】中选择"poi"，【查询模式】中选择【查询空间和属性信息】，【查询字段】中输入"poi.*"，【查询条件】中输入"poi.REMARK = '商业点' AND（poi.NAME like '%超市%' OR poi.NAME like '%百货%')"，【结果显示】中勾选【地图中高亮】，点击【查询】。

2. 生成缓冲区

点击菜单【分析】→【矢量分析】→【缓冲区】，在下拉菜单中选择【缓冲区】。在【生成缓冲区】对话框中：【缓冲半径】选择【数值型】，并输入"500"，【单位】选择"米"；【结果数据】的【数据集】输入框中输入"Supermarkets_buffer"；【结果设置】中勾选【合并缓冲区】；点击【确定】，结果如图 12.12 所示。

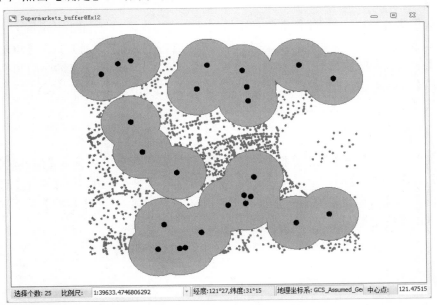

图 12.12　超市缓冲区分析结果

12.6.6　靠近绿地

选择数据集<greenbelt>，双击数据集添加到地图中。点击菜单【分析】→【矢量分析】→【缓冲区】，在下拉菜单中选择【缓冲区】。在【生成缓冲区】对话框中：【缓冲数据】中选择"greenbelt"；【缓冲半径】中选择【数值型】，并输入半径值"600"，【单位】选择"米"；【结果设置】中勾选【合并缓冲区】；【结果数据】的【数据集】输入框中填写结果数据集名称"greenbelt_buffer"；点击【确定】，结果如图 12.13 所示。

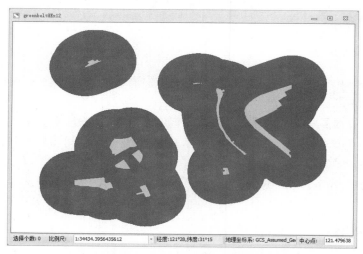

图 12.13　绿地缓冲区分析结果

12.6.7　靠近小学

1. SQL 查询

选择数据集<poi>，双击数据集添加到新的地图窗口中，设置图层<poi@Ex12>符号颜色为"黑色;淡色 50%"。点击菜单【数据】→【查询】→【SQL 查询】。在【SQL 查询】对话框中：【参与查询的数据】中选择"poi"，【查询模式】中选择【查询空间和属性信息】，【查询字段】中输入"poi.*"，【查询条件】中输入"poi.NAME like '%小学'"，【结果显示】中勾选【地图中高亮】，点击【查询】。

2. 生成缓冲区

点击菜单【分析】→【矢量分析】→【缓冲区】，在下拉菜单中选择【缓冲区】。在【生成缓冲区】对话框中：【缓冲半径】中选择【数值型】，并输入"500"，【单位】选择"米"；【结果数据】的【数据集】输入框中输入"School_buffer"；【结果设置】中勾选【合并缓冲区】；点击【确定】，结果如图 12.14 所示。

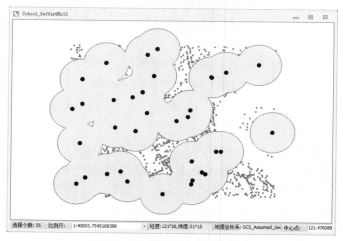

图 12.14　小学缓冲区分析结果

12.6.8　合并远离区域

1. 创建临时数据集

需要将加油站、一级道路和高架桥、二级道路和汽车站的影响区域合并在一起。首先，选择数据源<Ex12>，选择【开始】→【新建数据集】→【面】（图 12.15）。

图 12.15　新建数据集菜单

弹出【新建数据集】对话框，在【创建类型】下拉菜单中选择【面数据集】，在【数据集名称】中输入【ExclusionArea】，点击【创建】（图 12.16）。

图 12.16　新建数据集

选择新创建的数据集<ExclusionArea>，点击右键，选择数据集【属性】，在数据集【属性】对话框中，选择【投影信息】（图 12.17）。

选择【复制坐标系…】，在【复制坐标系】窗口中选择【从数据集】，在数据集下拉列表中选择"area"，点击【确定】（图 12.18）。

图 12.17　数据集属性

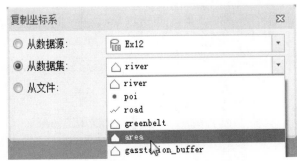

图 12.18　从数据集中复制坐标系

2. 数据集追加

选择数据集<ExclusionArea>，选择【数据】→【数据处理】→【追加行】，出现【数据集追加行】对话框（图 12.19）。

在【源数据】中点击添加按钮，在弹出的【选择】对话框中，选择"river""gasstation_buffer""FirstLevelRoad_buffer""SecondLevelRoad_buffer"和"BusStation_buffer"数据集，然后点击【确定】（图 12.20）。

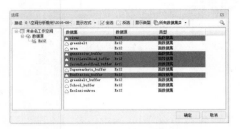

图 12.19　数据集追加行　　　　　　　　图 12.20　选择追加数据集

在【数据集追加行】中点击【确定】（图 12.21）。在【工作空间管理器】中选择数据集"ExclusionArea"，添加到地图中（图 12.22）。

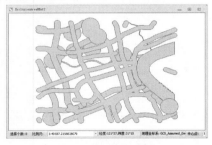

图 12.21　数据集追加行　　　　　　　　图 12.22　查看排除区域

3. 数据集融合

选择数据集< ExclusionArea>，点击菜单【数据】→【数据处理】→【融合】。在【数据集融合】对话框中：【融合字段】中勾选"SmUserID"，【融合容限】设定为"0.000001"，勾选【处理融合字段值为空的对象】，【结果数据】的【数据集】中输入"ExclusionArea_Diss"，点击【确定】（图 12.23）。

融合完成后，将结果数据集<ExclusionArea_Diss>在新地图中打开（图 12.24）。

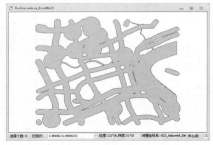

图 12.23　融合参数设置　　　　　　　　图 12.24　数据集融合结果

12.6.9　计算超市、绿地和小学有效的影响区域

选择数据集<Supermarkets_buffer>，选择菜单【分析】→【矢量分析】→【叠加分析】。在【叠加分析】对话框中：选择【求交】运算，【源数据】的【数据集】中选择"Supermarkets_buffer"，【叠加数据】的【数据集】中选择"area"，【结果设置】的【数据集】输入框中输入"Supermarkets_valid"，【容限】的输入框中输入"0.000001"，点击【确定】（图 12.25）。

叠加分析结束后，将结果数据集<Supermarkets_valid>添加到地图中（图 12.26）。

图 12.25　超市有效范围叠加分析设置

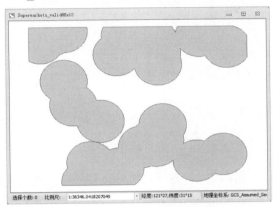
图 12.26　超市有效范围

使用相同的方式对<greenbelt_buffer>和<School_buffer>与<area>数据集进行【求交】叠加分析，分别得到<greenbelt_valid>和<School_valid>，将<greenbelt_valid>添加到地图中，结果如图 12.27 所示。将<School_valid>数据集添加到地图中，结果如图 12.28 所示。

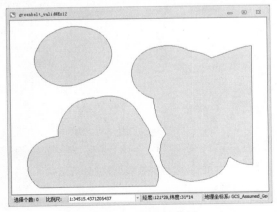
图 12.27　绿地有效范围

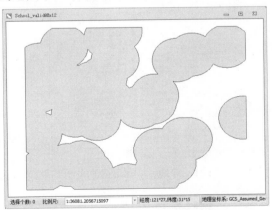
图 12.28　小学有效范围

12.6.10　擦除远离区域

在获取到超市、绿地和小学的有效区域后，需要擦除应该远离的区域，即排除区域。选择<Supermarkets_valid>数据集，选择菜单【分析】→【矢量分析】→【叠加分析】，在【叠加分析】对话框中：选择【擦除】运算，【源数据】的【数据集】中选择"Supermarkets_valid"；

【叠加数据】的【数据集】中选择"ExclusionArea_Diss"，【结果设置】的【数据集】输入框中输入"Supermarkets_Result"，【容限】的输入框中输入"0.000001"，点击【确定】（图12.29）。

叠加分析结束后，将结果数据集<Supermarkets_Result>添加到地图中（图 12.30）。

图 12.29　擦除区域叠加分析设置

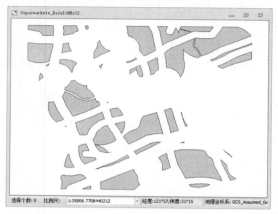

图 12.30　擦除区域叠加分析结果

通过同样的方式，将<greenbelt_valid>和<School_valid>与<ExclusionArea_Diss>数据集进行叠加分析【擦除】操作，得到<greenbelt_Result>和<School_Result>，将< greenbelt_Result>数据集添加到地图中，结果如图 12.31 所示。将<School_Result>数据集添加到地图中，结果图 12.32 所示。

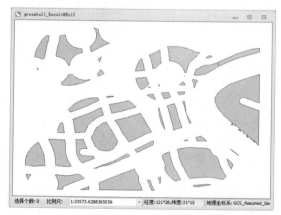

图 12.31　绿地影响区域叠加分析结果

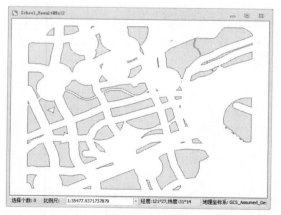

图 12.32　小学影响区域叠加分析结果

12.6.11　构建候选区域

1. 数据集追加

将超市、绿地和小学的有效区域追加到一个数据集，通过拓扑构面的方式得到一个没有面面相互重叠的有效候选区域，具体操作：新建一个临时面数据集<TempArea>，将数据集<Supermarkets_Result><greenbelt_Result>和<School_Result>数据集通过【数据集追加行】功能追加到<TempArea>数据集中，并设置数据集<TempArea>的投影坐标系为

<Supermarkets_Result>数据集的坐标系(图 12.33)。

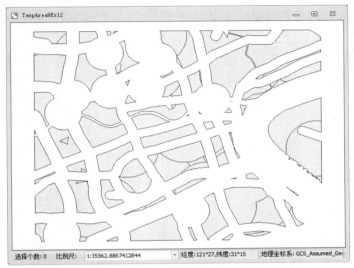

图 12.33　候选区域

2. 类型转换

选择数据集【TempArea】,选择菜单【数据】→【工具】→【类型转换】(图 12.34)。

图 12.34　类型转换菜单

在【类型转换】下拉菜单中,选择【面数据→线数据…】。在弹出的【面数据→线数据】对话框中:选择【源数据集】为"TempArea",在【目标数据集】中输入"TempArea_Line",点击【转换】(图 12.35)。转换完成后得到<TempArea_Line>数据集,将<TempArea_Line>数据集添加到地图中(图 12.36)。

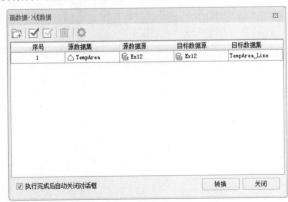

图 12.35　面到线类型转换

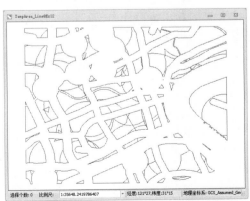

图 12.36　面转换为线数据集

3. 拓扑构面

选择<TempArea_Line>数据集，点击菜单【数据】→【拓扑】→【线数据集拓扑构面】。在【线数据集拓扑构面】对话框中：【源数据】的【数据集】选择"TempArea_Line"；勾选【拓扑处理】，并且将拓扑处理的所有子选项都确保选择；点击【高级】，在【高级参数设置】对话框中，【节点容限】中输入"0.000001"，点击【确定】返回【线数据集拓扑构面】对话框；在【结果数据】的【数据集】中输入"Candidate_Area"，点击【确定】（图 12.37）。

拓扑构面完成后，得到<Candidate_Area>数据集，将<Candidate_Area>数据集添加到地图中（图 12.38）。

图 12.37　拓扑构面设置

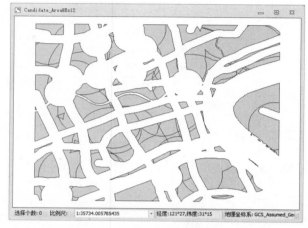

图 12.38　拓扑构面结果

12.6.12　属性更新

1. 新建属性字段

得到的<Candidate_Area>包含了所有的候选区域，但还需要进一步确定具体哪些区域分别受超市、绿地和小学的影响。选择<Supermarkets_Result>数据集，点击右键，在弹出的右键菜单中选择【属性】，在弹出的【属性】对话框中（图 12.39），选择【属性表结构】，然后，点击【添加】按钮，在新生成的一行中，输入字段名"mark"，选择【字段类型】为"32 位整型"，点击【应用】。

图 12.39　新建属性字段

　　关闭【属性】对话框，选择<Supermarkets_Result>数据集，点击右键，在右键菜单中选择【浏览属性表】，在属性表中的"mark"字段中，输入字段值"1"（图 12.40）。

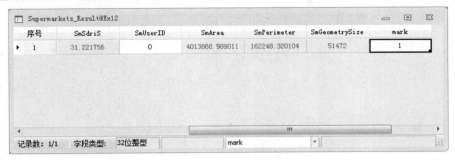

图 12.40　属性字段赋值

　　以同样的方式，在<greenbelt_Result>和<School_Result>数据集中创建"mark"字段，并设定每个对象的字段值为"1"。<greenbelt_Result>数据集属性表如图 12.41 所示。

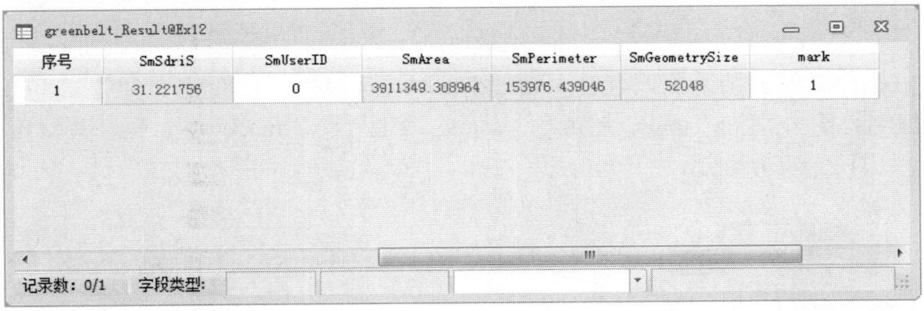

图 12.41　绿地属性字段赋值

　　<School_Result>数据集的属性表如图 12.42 所示。

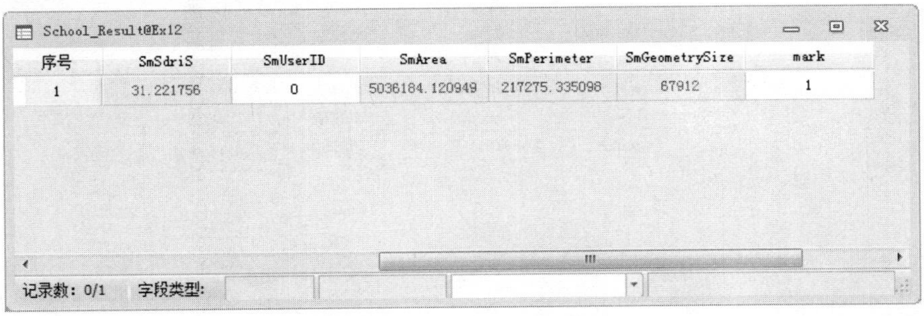

图 12.42　小学属性字段赋值

2. 拓扑预处理

　　选择菜单【数据】→【拓扑】→【拓扑预处理】，在下拉菜单中选择【二维拓扑预处理】。在【二维拓扑预处理】对话框中：点击【添加】按钮，在【选择】对话框中，选择"Supermarkets_Result""greenbelt_Result""School_Result"和"Candidate_Area"数据集，【参数设置】中勾选【节点与线段间插入节点】【线段间求交插入节点】【多边形走向调整】和【节点捕捉】，【容限值】设定为"0.000001"，点击【确定】（图 12.43）。

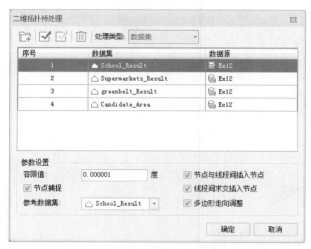

图 12.43　二维拓扑预处理设置

3. 属性更新

在【拓扑预处理】结束后，选择<Candidate_Area>数据集，新建 3 个 "32 位整型" 的字段，【字段名称】分别为 "mark_超市" "mark_绿地" 和 "mark_小学"，并设定【缺省值】为 "0"，如图 12.44 所示。

序号	字段名称	别名	字段类型	长度	缺省值	必填
1	*SmID	SmID	32位整型	4		是
2	*SmSdriW	SmSdriW	单精度	4	0	是
3	*SmSdriN	SmSdriN	单精度	4	0	是
4	*SmSdriE	SmSdriE	单精度	4	0	是
5	*SmSdriS	SmSdriS	单精度	4	0	是
6	SmUserID	SmUserID	32位整型	4	0	是
7	*SmArea	SmArea	双精度	8	0	是
8	*SmPerimeter	SmPerimeter	双精度	8	0	是
9	*SmGeometrySize	SmGeometrySize	32位整型	4	0	否
10	mark_超市	mark_超市	32位整型	4	0	否
11	mark_绿地	mark_绿地	32位整型	4	0	否
12	mark_小学	mark_小学	32位整型	4	0	否

属性信息　矢量数据集　投影信息　属性表结构　Candidate　值域信息

添加　　删除　　修改　　☑显示删除警告　　重置　　应用

图 12.44　新增属性字段

选择<Supermarkets_Result>数据集，点击菜单【数据】→【数据处理】→【属性更新】。在【属性更新】对话框中：【提供属性的数据】中【数据集】选择 "Supermarkets_Result"，【目标数据】中【目标数据集】选择 "Candidate_Area"。【参数设置】中【空间关系】选择 "包含"，【取值方式】选择 "直接赋值"。在右侧的【字段设置】中，勾选【提供属性的字段】中 "mark" 字段所在行，并在【目标字段】中选择 "mark_超市"。点击【确定】（图 12.45）。

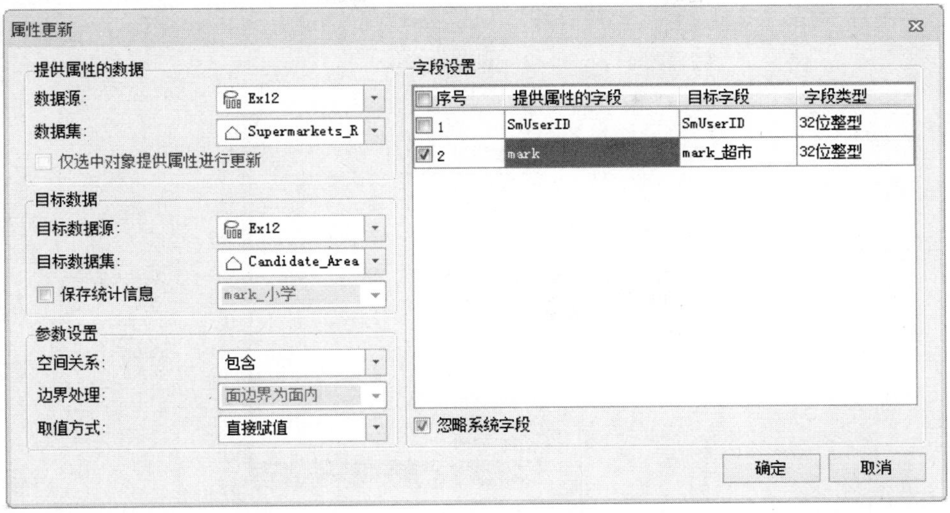

图 12.45　属性更新设置

通过相同的方法，分别将<greenbelt_Result>数据集中的"mark"字段值更新到<Candidate_Area>的"mark_绿地"字段中，将<School_Result>数据集中的"mark"字段值更新到<Candidate_Area>的"mark_小学"字段中，如图 12.46 所示。

序号	SmArea	SmPerimeter	SmGeometrySize	mark_超市	mark_绿地	mark_小学
1	375884.190532	3030.43782	1400	0	1	0
2	366517.056744	3994.03154	4024	0	1	1
3	359244.651277	2903.915578	2488	1	0	0
4	299471.384796	2274.280959	1992	1	1	1
5	244481.485317	2109.68655	1240	1	1	1
6	157717.052037	1707.723846	1960	1	1	0
7	147106.947158	2167.189491	1656	1	0	1
8	142768.548616	2062.977951	1560	1	0	1
9	140968.655697	1607.7724	1848	1	1	1
10	139230.86549	1523.3219	1176	0	1	1
11	139032.329114	1738.43348	1704	1	1	1
12	138752.62269	1576.566507	1016	1	0	1
13	125177.053391	1496.949113	1560	1	0	1
14	115878.333027	2208.627147	3064	1	0	1
15	112809.324357	1651.681585	1512	1	0	0
16	111404.998268	1735.61602	1528	0	1	1
17	100544.799375	1320.277089	1240	1	1	0

记录数: 0/166　字段类型:

图 12.46　查看属性表

12.6.13　建立单值专题图

选择数据集<Candidate_Area>，添加到地图中，点击菜单【专题图】→【单值专题图】。在【专题图】设置面板中，选择【属性】面板下的【表达式】，在下拉选项中，选择【表达式...】（图 12.47）。

图 12.47　专题图表达式

在【SQL 表达式】对话框中，输入"Candidate_Area.mark_超市+Candidate_Area.mark_绿地 + Candidate_Area.mark_小学"表达式，点击【确定】(图 12.48)。

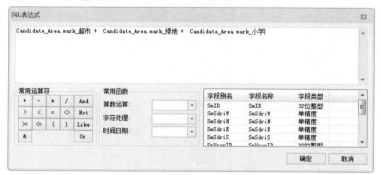

图 12.48　超市、绿地和小学设置 SQL 表达式

在【专题图】面板中，设定每一个单值的颜色(图 12.49)。

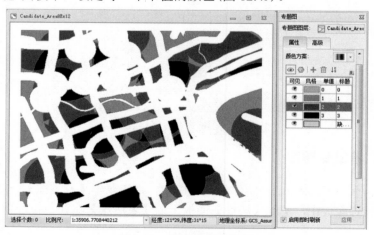

图 12.49　单值专题图结果

图 12.49 中，可以清楚知道，黑色的区域表示同时满足超市、绿地和小学三个影响条件，较浅的灰色区域表示只满足超市、绿地和小学三个条件中的两个条件，而最浅的灰色区域只满足三个条件中的一个条件，所以，黑色区域表示购房的最佳选择区域。

12.7　练　习　题

运用该实验数据，进行空间选址操作，权值越大，区域位置越佳，要求如下。

(1) 远离一级道路和二级道路，道路两侧 50m 内，权值为−3；道路两侧 50～80m 区域，权值为−2；道路两侧 80～100m 权值为−1；道路两侧 100m 外无影响，权值为 0。

(2) 距大型绿地 500m 内，便于空闲时散步休息，权值为 3；大于 500m 无影响，权值为 0。

(3) 距医院较近，要求在医院 500m 内，权值为 3；大于 500m 无影响，权值为 0。

(4) 计算出最佳候选地址后，再计算每个候选区域中心点的最近医院及中心点到医院的空间距离。

12.8　实　验　报　告

(1) 根据实验数据，完成练习题，制作住房最佳候选地址地图，并列出空间选址中关键性的操作步骤。

(2) 根据个人的购房偏好，制作一幅适合自己的购房区域偏好地图，试说明：①列出购房的条件；②这个制图项目中需要的数据种类；③制作购房区域偏好地图所需要的操作步骤。

(3) 请根据实验操作步骤得到的候选区域完成表 12.1。

表 12.1　不同候选区域面积

满足条件类别	面积/m²
只满足绿地	
只满足小学	
只满足超市	
同时满足绿地、小学和超市	
只满足绿地和小学	
只满足绿地和超市	
只满足小学和超市	

12.9　思　考　题

(1) 在构建一级道路和二级道路的缓冲区对象时，一级道路的缓冲半径为 100m，二级道路的缓冲半径为 200m，怎么一次性构建出一级道路和二级道路的影响区域？

(2) 在计算远离区域和候选区域时，除了使用叠加分析来完成，是否还可以通过其他方式实现？

(3)实验步骤中通过拓扑构面和属性更新的方式来计算最终候选区域，如果使用叠加分析的合并算子，是否也能达到相同效果？有什么优点和不足？

(4)为什么在拓扑构面时需要进行拓扑处理？

(5)在进行拓扑处理和拓扑预处理的窗口中，都有设置容限的输入框，容限对结果有什么影响？

(6)针对【生成缓冲区】对话框【结果设置】的【合并缓冲区】选项，使用什么功能同样可以达到合并缓冲区的目的？

实验 13　矿区成矿预测

13.1　实　验　要　求

根据某研究区铜锌矿成矿条件，选取矿化蚀变、控矿地层岩性、控矿构造、铜锌元素异常等矿化信息作为重要预测指标，利用栅格计算对成矿预测指标进行综合，圈定不同级别的铜锌矿成矿远景区，即 I 级远景区、II 级远景区、III 级远景区。

(1) 利用克吕金插值方法将点要素转化成面要素。

(2) 运用缓冲区分析生成线要素的影响区域。

(3) 运用栅格计算确定铜锌矿成矿远景区。

13.2　实　验　分　析

矿区成矿预测涉及诸多因素，这些因素可能以点、线和面的数据形式存在，如控矿指标中的 Cu 元素、Zn 元素属于点要素，控矿断裂属于线要素，控矿地层岩性、铁染蚀变、羟基蚀变属于面要素。因此，需要通过空间插值将点要素转化为面要素，利用缓冲区分析确定线要素的影响范围，便于下一步的叠加分析。

各控矿因素的量纲不一，如果要进行矿区成矿综合分析，需要对各控矿因素按照一定的标准进行分级赋值(重分类)，本实验中分级赋值结果见表 13.1 和表 13.2。需要注意的是，各专业领域的赋值方法与标准均不相同。

表 13.1　控矿指标分级赋值

控矿指标	密切相关	相关	弱相关	无关
分级赋值	3	2	1	0

表 13.2　各控矿指标具体赋值

控矿岩性	铁镁质岩(超基性岩)	长英质岩	花岗岩	其他岩石
	3	3	3	
控矿断裂	0~250m 距离	250~500m 距离	500~750m 距离	>750m 缓冲区
	3	2	1	
铁染蚀变	有蚀变	无蚀变		
	3	0		
羟基蚀变	有蚀变	无蚀变		
	3	0		
Cu 元素异常	>1.5 平均值	(1.5 平均值, 1.2 平均值)	(1.2 平均值, 平均值)	(低于平均值)
	3	2	1	0
Zn 元素异常	>1.5 平均值	(1.5 平均值, 1.2 平均值)	(1.2 平均值, 平均值)	(低于平均值)
	3	2	1	0

　　由于各控矿因素对成矿的贡献不一，因此需要对控矿因素进行权重赋值，这一般依赖于专业知识和经验。本实验中各控矿因素的权重见表 13.3。

表 13.3　研究区控矿指标权重

控矿指标	控矿岩性	控矿断裂	铁染蚀变	羟基蚀变	Cu 元素异常	Zn 元素异常
权重	0.201	0.094	0.220	0.195	0.145	0.145

　　本实验的核心过程是：首先通过空间插值和缓冲区分析分别将点要素、线要素转化为面要素。然后对各指标进行分级赋值（重分类）并确定权重。最后利用栅格计算得到最终结果。在此基础上，依据专业知识，圈定不同级别的铜锌矿成矿远景区。

13.3　实　验　目　标

　　(1)了解矿区成矿预测控矿因素分级赋值的方法。
　　(2)运用多种空间分析工具综合解决应用问题的原理与思路。

13.4　实　验　数　据

　　<eliment>：Cu、Pb、Zn 元素数据。
　　<crackline>：断裂带数据。
　　<feal>：铁染蚀变数据。
　　<Ohal>：羟基蚀变数据。
　　<rockunits>：岩石地层信息数据。

13.5　实验方案设计

　　(1)采用点面转化(插值分析)、线面转化(缓冲区分析、矢量栅格化等)方法对矿化信息进行获取及处理。
　　(2)运用栅格计算(栅格代数运算、栅格重分级等)方法进行成矿远景区的确定。

13.6　实　验　步　骤

rock_type	分级
超基性岩	3
浅绿-暗绿色辉长岩	3
肉红色钾质花岗岩	3
浅绿-暗绿色闪长岩	0
未分	0
未分	0
未分	0
未分	0

图 13.1　字段 "分级" 赋值

　　打开 SuperMap iDesktop，点击【开始】，选择数据源中【打开】，选择【文件型】，在【打开数据源】对话框中选择实验数据<Ex13.udb>。

13.6.1　控矿岩性处理

1. 控矿指标分级

　　右键点击数据集<rockunits>，选择【属性】，打开【属性】对话框(图 13.1)。在【属性】对话框找到【属性表结构】并选中，点击左下角【添加】按钮，新建字段 "分级"，【字段类型】选择 "32 位整型"，点击右下角【应用】

按钮，右键点击数据集<rockunits>，选择【浏览属性表】，打开数据集<rockunits>的属性表，查看字段"分级"添加成功。给字段"分级"赋值。

2. 矢量栅格化

点击【分析】→【栅格分析】→【矢栅转换】，在下拉菜单中选择【矢量栅格化】。在【矢量栅格化】对话框中：【源数据】→【数据源】选择"Ex13"，【源数据】→【数据集】选择"rockunits"，【源数据】→【栅格值字段】选择"分级"。【结果数据】→【数据源】选择"Ex13"，【结果数据】→【数据集】设置"岩性栅格"。【参数设置】→【边界数据源】选择"Ex13"，【参数设置】→【边界数据集】默认空，【参数设置】→【像素格式】选择"双精度浮点型"，【参数设置】→【分辨率】设置"89.6"。点击【确定】，生成栅格数据集<岩性栅格>（图 13.2）。

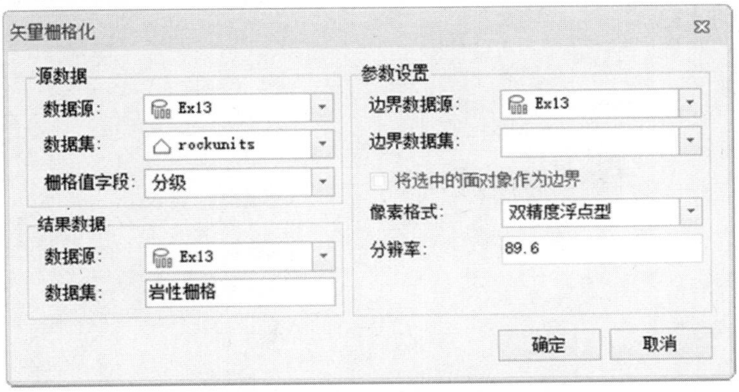

图 13.2 矢量面 rockunits 栅格化

双击打开栅格数据集<岩性栅格>，在【图层管理器】对话框找到"岩性栅格@Ex13"，右键单击，在下拉菜单中选择【制作专题图...】，在【制作专题图】对话框，选择【栅格分段专题图】，点击【确定】，弹出【专题图】对话框。专题图参数设置：【属性】→【分段方法】选择"等距分段"，【属性】→【段数】设置"2"，【属性】→【段标题格式】选择"0-100"。【段值】设置："1.5, max"（图 13.3）。

岩性栅格专题图设置如图 13.4 所示。

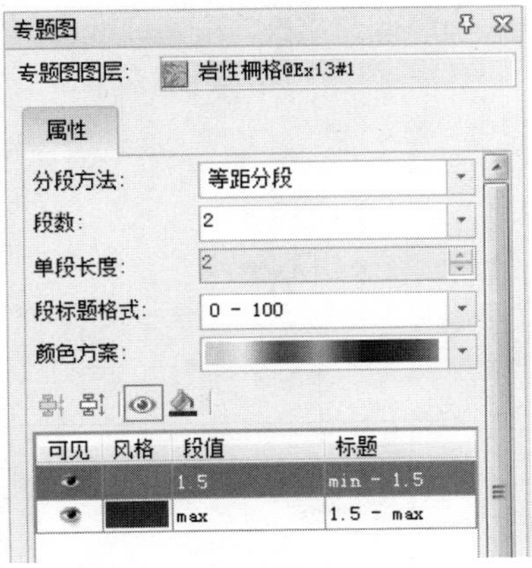

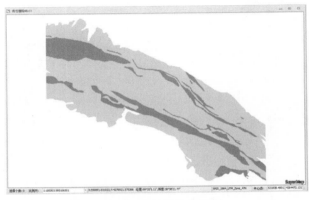

图 13.3 岩性栅格专题图设置　　　　　　图 13.4 岩性栅格专题图

13.6.2　建立控矿断裂缓冲区

1. 生成控矿断裂缓冲区

点击【分析】→【矢量分析】→【缓冲区】，在下拉菜单中选择【多重缓冲区】。在【生成多重缓冲区】对话框中(图 13.5)：【缓冲数据】→【数据源】选择"Ex13"，【缓冲数据】→【数据集】选择"crackline"。【缓冲类型】选中【圆头缓冲】。【结果设置】勾选【合并缓冲区】【生成环状缓冲区】【在地图中展示】，不勾选【在场景中展示】，【半圆弧线段数(4-200)】设置"100"。【结果数据】→【数据源】选择"Ex13"，【结果数据】→【数据集】设置"控矿缓冲区"。【缓冲半径列表】点击 按钮，弹出【批量添加】对话框：【起始值】设置"250"，【结束值】设置"750"，【步长】设置"250"，【单位】选择"米"，点击【确定】，完成半径设置(图 13.6)。点击【确定】，生成面数据集<控矿缓冲区>(图 13.7)。

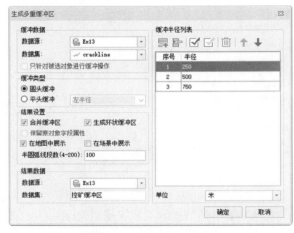

图 13.5　多重缓冲分析设置

图 13.6　批量增加对话框

双击打开数据集<控矿缓冲区>，在【图层管理器】页面右键选中数据集<控矿缓冲区>，在弹出的下拉菜单中选择【关联浏览属性数据】，分别点击三条属性字段，查看关联区域高亮显示，得出字段"SmID"值 1、2、3 对应缓冲区的半径分别为 750m、500m、250m。

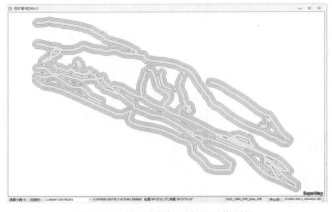

图 13.7　控矿缓冲区关联浏览属性

给数据集<控矿缓冲区>新建 32 位整型字段"Distance"并赋值(图 13.8)。

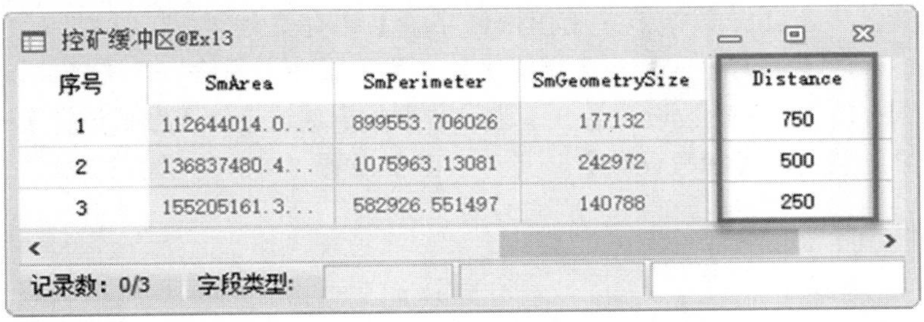

序号	SmArea	SmPerimeter	SmGeometrySize	Distance
1	112644014.0...	899553.706026	177132	750
2	136837480.4...	1075963.13081	242972	500
3	155205161.3...	582926.551497	140788	250

控矿缓冲区@Ex13

记录数: 0/3　字段类型:

图 13.8　控矿缓冲区缓冲半径添加

双击打开面数据集<控矿缓冲区>,点击【地图】→【专题图】→【新建】,在【制作专题图】对话框(图 13.9)中选择【单值专题图】,点击【确定】,弹出【专题图】对话框。专题图参数设置:【属性】→【表达式】选择"Distance",【单值】设置"250,500,750",【标题】设置"0-250,250-500,500-750",结果如图 13.10 所示。

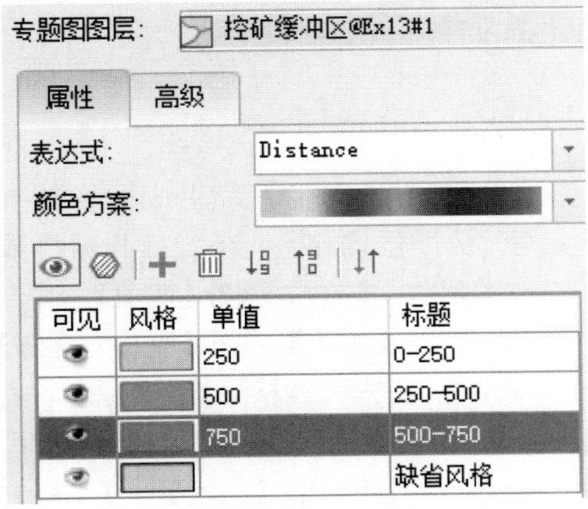

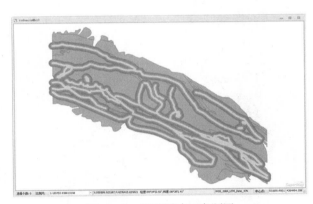

专题图图层:　控矿缓冲区@Ex13#1

属性　高级

表达式:　Distance

颜色方案:

可见	风格	单值	标题
👁		250	0-250
👁		500	250-500
👁		750	500-750
👁			缺省风格

图 13.9　控矿缓冲区专题图设置

图 13.10　控矿缓冲区专题图

2. 控矿指标分级

给数据集<控矿缓冲区>新建 32 位整型字段"分级"并赋值,如图 13.11 所示。

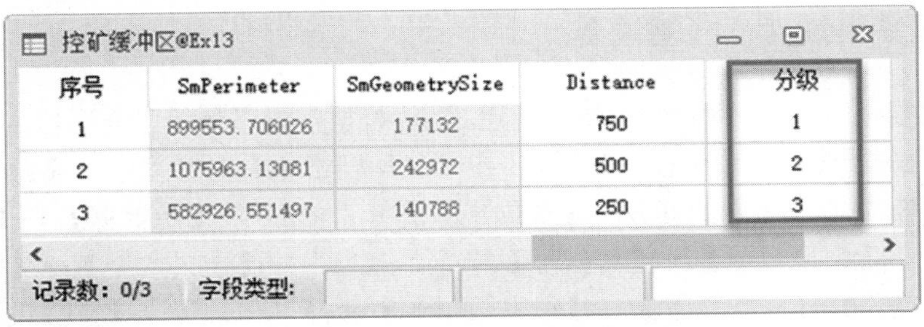

序号	SmPerimeter	SmGeometrySize	Distance	分级
1	899553.706026	177132	750	1
2	1075963.13081	242972	500	2
3	582926.551497	140788	250	3

控矿缓冲区@Ex13

记录数: 0/3　字段类型:

图 13.11　控矿缓冲区添加分级字段

3. 矢量栅格化

点击【分析】→【栅格分析】→【矢栅转换】,在下拉菜单中选择【矢量栅格化】。在

【矢量栅格化】对话框中：【源数据】→【数据源】选择"Ex13"，【源数据】→【数据集】选择"控矿缓冲区"，【源数据】→【栅格值字段】选择"分级"。【结果数据】→【数据源】选择"Ex13"，【结果数据】→【数据集】设置"缓冲区栅格"。【参数设置】→【边界数据源】选择"Ex13"，【参数设置】→【边界数据集】默认空，【参数设置】→【像素格式】选择"双精度浮点型"，【参数设置】→【分辨率】设置"89.6"（图13.12）。

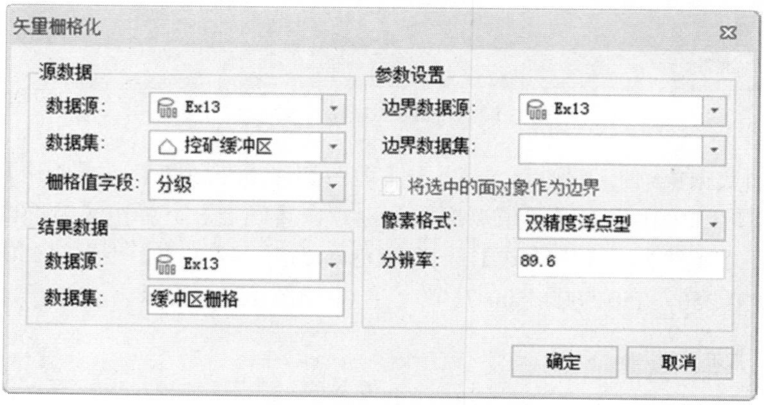

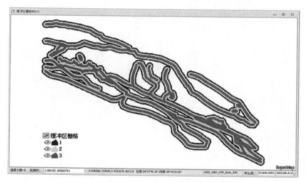

图 13.12　控矿缓冲区栅格化设置

点击【确定】，生成栅格数据集<缓冲区栅格>。双击打开栅格数据<缓冲区栅格>，点击【地图】→【专题图】→【新建】，在【制作专题图】对话框，选择【栅格分段专题图】，点击【确定】，弹出【专题图】对话框。专题图参数设置：【属性】→【分段方法】选择"等距分段"，【属性】→【段数】设置"3"，【属性】→【段标题格式】选择"0-100"；【段值】设置

图 13.13　缓冲区栅格专题图

"1.5，2.5，max"；【标题】设置"1，2，3"。图13.13是生成的缓冲区栅格专题图。

13.6.3　处理铁染蚀变、羟基蚀变

分别给数据集<feal>、数据集<ohal>新建32位整型字段"分级"并赋值为3。将数据集<feal>转换为栅格数据集<铁染蚀变栅格>。在【矢量栅格化】对话框中：【源数据】→【数据源】选择"Ex13"，【源数据】→【数据集】选择"feal"，【源数据】→【栅格值字段】选择"分级"。【结果数据】→【数据源】选择"Ex13"，【结果数据】→【数据集】设置"铁染蚀变栅格"。【参数设置】→【边界数据源】选择"Ex13"，【参数设置】→【边界数据集】默认空，【参数设置】→【像素格式】选择"双精度浮点型"，【参数设置】→【分辨率】设置"89.6"。点击【确定】（图13.14）。

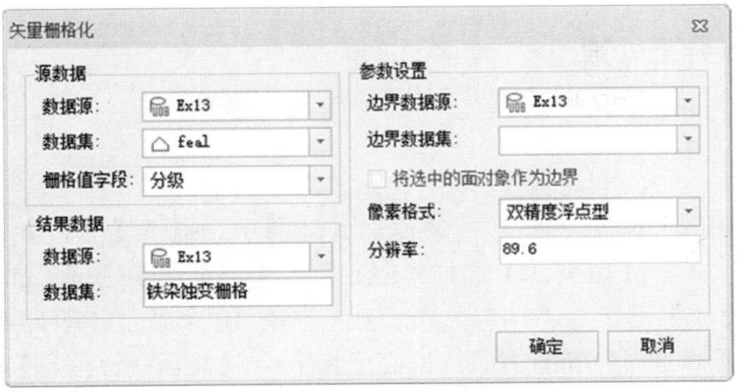

图 13.14 feal 栅格化设置

将数据集<ohal>转换为栅格数据集<羟基蚀变栅格>。在【矢量栅格化】对话框中：【源数据】→【数据源】选择"Ex13"，【源数据】→【数据集】选择"ohal"，【源数据】→【栅格值字段】选择"分级"。【结果数据】→【数据源】选择"Ex13"，【结果数据】→【数据集】设置"羟基蚀变栅格"。【参数设置】→【边界数据源】选择"Ex13"，【参数设置】→【边界数据集】默认空，【参数设置】→【像素格式】选择"双精度浮点型"，【参数设置】→【分辨率】设置"89.6"。点击【确定】（图 13.15）。

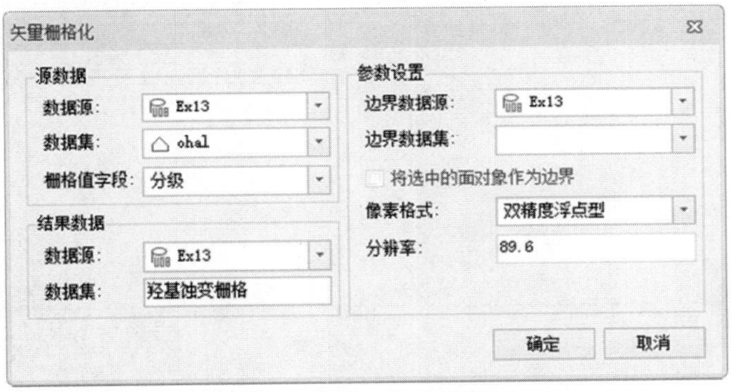

图 13.15 ohal 栅格化设置

将铁染蚀变栅格、羟基蚀变栅格放到同一地图，并分别制作栅格分段专题图。右键对应专题图在下拉菜单中选择【图层属性】，在图层属性对话框设置【透明度】为"50"，结果如图 13.16 所示。

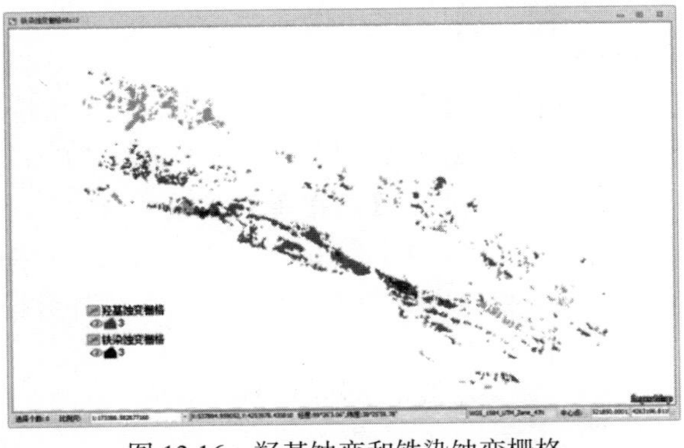

图 13.16 羟基蚀变和铁染蚀变栅格

13.6.4   Cu、Zn 异常处理

1. Cu 元素分析

1) 数据分布

选择数据集<eliments>，双击数据集添加到地图中。点击【分析】→【栅格分析】→【直方图】(图 13.17)，【数据源】选择"Ex13"；【数据集】选择"eliments"；【字段】选择"Cu"；【段数】设置为"10"，表示直方图有 10 个条带，即直方图将温度分成 10 级，每一级别中的数量通过每个直方条柱的高度表示；在【显示统计信息】前的方框中打"√"，对该属性数据的统计量将显示在右上角的窗口中，包括总数、最小值、最大值、平均值、标准差、偏度、峰度、第一四分值、中位数、第三四分值；【变换函数】选择"Log"，即原始采样数据的值经过对数转换，再生成直方图；【变换函数】的下拉菜单中另有"None"和"Arcsin"选项，"None"选项表示原始采样数据不做任何变换，直接生成直方图，"Arcsin"选项表示先对原始采样数据进行反正弦变换，再生成直方图(Arcsin 变换要求数据在[−1，1])。

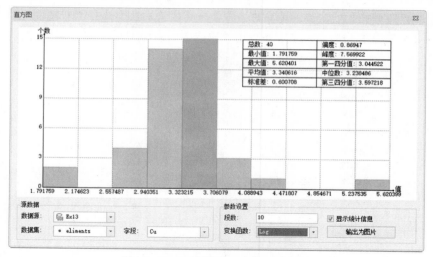

图 13.17   Cu 字段 Log 变换后直方图

一般情况下，如果数据的平均值与中位数大致相等，数据就被认为服从正态分布，数据分布规律见 6.6.1 节。

2) 采样点的控制范围分析

点击【分析】→【矢量分析】→【邻近分析】，在下拉菜单中选择【泰森多边形】。在【构建泰森多边形】对话框中：【源数据】→【数据源】选择"Ex13"，【源数据】→【数据集】选择"eliments"。【结果数据】→【数据源】选择"Ex13"，【结果数据】→【数据集】默认设置"Voronoi"。点击【确定】，生成数据集<Voronoi>(图 13.18)。

选择数据集<Voronoi>，双击数据集添加到地图中，右键选择数据集<rockunits>，在下拉菜单中选择【添加到当前地图】(图 13.19)。

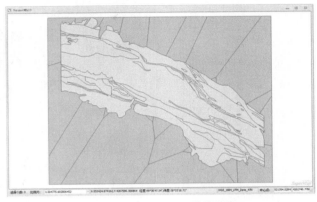

图 13.18 点 eliments 构建泰森多边形　　　　图 13.19 点 Voronoi 裁剪准备

在地图中选择数据集<rockunits>的所有面对象，点击【地图】→【地图裁剪】按钮，在下拉菜单中选择【选中对象区域裁剪】，在【地图裁剪】面板中选择【裁剪数据设置】面板，选中"Voronoi@Ex13"图层，【目标数据源】选择"Ex13"，【目标数据集】设置"Voronoi_Clip"，【裁剪方式】选择"区域内"（图 13.20）。点击【确定】按钮，生成数据集<Voronoi_Clip>。

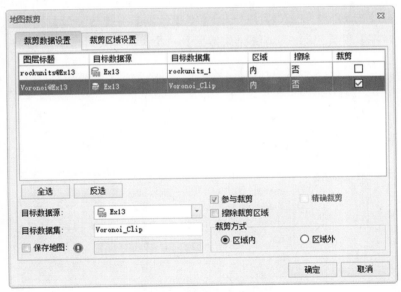

图 13.20 地图裁剪参数设置

选择数据集<Voronoi_Clip>，双击数据集添加到地图中。右键选择数据集<eliments>，在下拉菜单中选择【添加到当前地图】，对数据集<Voronoi_Clip>制作单值专题图，【表达式】选择"Voronoi_Clip.Cu"，并调整一个合适的【颜色方案】，得到每个采样点的控制范围（图 13.21）。

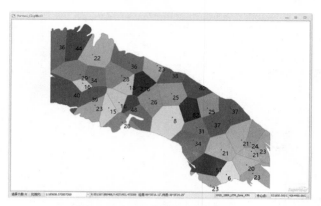

图 13.21　Cu 采样点的控制范围

3) 插值分析

选择普通克吕金插值法。其中【基台值】默认为插值字段的方差；【自相关阈值】默认为插值点 Bounds 的对角线长；【块金效应值】默认为 0。

点击菜单【分析】→【栅格分析】→【插值分析】，在【栅格插值分析】对话框中选择"OKrig 普通克吕金"（图 13.22）。【源数据】→【数据源】选择"Ex13"，【源数据】→【数据集】选择"eliments"，【源数据】→【插值字段】选择"Cu"，【源数据】→【缩放比例】设置"1"。【插值范围】→【左】设置"500200.000122"，【插值范围】→【上】设置"4281137.731728"，【插值范围】→【右】设置"543476.800122"，【插值范围】→【下】设置"4247806.531728"。【结果数据】→【数据源】选择"Ex13"，【结果数据】→【数据集】设置"Cu"，【结果数据】→【分辨率】设置"89.6"，【结果数据】→【像素格式】选择"双精度浮点型"。

图 13.22　Cu 插值分析设置

点击【下一步】，在【普通克吕金】对话框中：【样本点查找设置】→【查找方式】默认，【样本点查找设置】→【最大半径】默认，【样本点查找设置】→【查找点数】默认 12。【其他参数】→【半变异函数】默认，【其他参数】→【基台值】默认，【其他参数】→【旋转角度】默认，【其他参数】→【自相关阈值】默认，【其他参数】→【平均值】默认，【其他参数】→【块金效应值】默认（图 13.23）。点击【完成】按钮，得到<Cu>栅格数据集（图 13.24）。

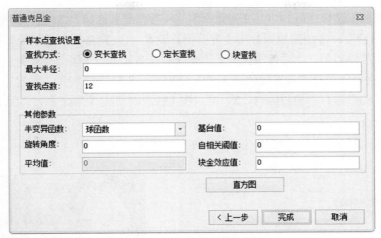

图 13.23　Cu 普通克吕金插值

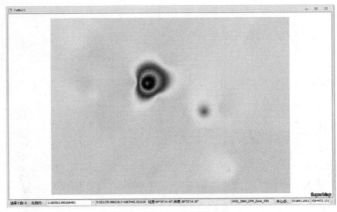

图 13.24　Cu 插值结果

对栅格数据集<Cu>重分级,分级标准如表 13.4 所示。

表 13.4　Cu 分级标准

Cu 元素异常	>1.5 平均值	(1.5 平均值, 1.2 平均值)	(1.2 平均值, 平均值)	(低于平均值)
	3	2	1	0

双击打开数据集<Cu>,点击菜单【分析】→【栅格分析】→【直方图】,【数据源】选择 "Ex13",【数据集】选择 "Cu",得到栅格数据集<Cu>的平均值 33.19,分级标准如表 13.5 所示。

表 13.5　Cu 栅格分级标准

Cu 元素异常	(>49.79)	(39.83, 49.79)	(33.19, 39.83)	(<33.19)
	3	2	1	0

点击【数据】→【制图综合】按钮,选择【栅格重分级】。在【栅格重分级】对话框中:【源

数据】→【数据源】选择"Ex13"，【源数据】→【数据集】选择"Cu"。【结果数据】→【数据源】选择"Ex13"，【结果数据】→【数据集】设置"Cu 栅格"，【结果数据】→【像素格式】选择"双精度浮点型"。【范围区间】选中【左开右闭】。【级数设置】选中【级数】，并设置为"4"。根据分级标准设置段值下限"0，33.19，39.83，49.79"，设置段值上限"33.19，39.83，49.79，280"，目标值"0，1，2，3"（图 13.25）。点击【确定】，得到栅格数据集<Cu 栅格>（图 13.26）。

图 13.25　Cu 栅格重分级设置　　　　　　　　　　图 13.26　Cu 栅格

2. Zn 元素分析

1) 数据分布

选择数据集<eliments>，双击数据集添加到地图中。点击【分析】→【栅格分析】→【直方图】（图 13.27），【数据源】选择"Ex13"；【数据集】选择"eliments"；【字段】选择"Zn"；【段数】设置"10"；在【显示统计信息】前的方框中打"√"，该属性数据的统计量将显示在右上角的窗口中，包括总数、最小值、最大值、平均值、标准差、偏度、峰度、第一四分值、中位数、第三四分值；【变换函数】选择"Log"，即采样数据的值经过对数转换，再生成直方图。

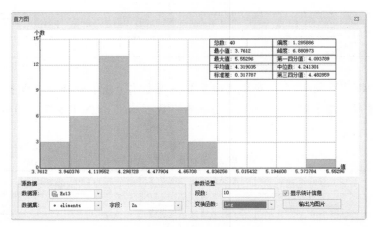

图 13.27　Zn 字段 Log 变换后直方图

2) 采样点的控制范围分析

选择数据集<Voronoi_Clip>，双击数据集添加到地图中。右键选择数据集<eliments>，在下拉菜单中选择【添加到当前地图】，对数据集<Voronoi_Clip>制作单值专题图，【表达式】选择"Voronoi_Clip.Zn"，并调整一个合适的【颜色方案】，得到每个采样点的控制范围(图 13.28)。

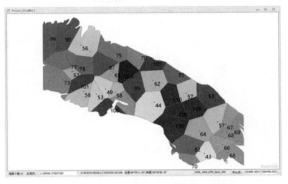

图 13.28　Zn 采样点的控制范围

3) 插值分析

选择普通克吕金插值法。其中【基台值】默认为插值字段的方差，【自相关阈值】默认为插值点 Bounds 的对角线长，【块金效应值】默认为 0。

点击【分析】→【栅格分析】→【插值分析】，在【栅格插值分析】对话框中选择"OKrig 普通克吕金"(图 13.29)。【源数据】→【数据源】选择"Ex13"，【源数据】→【数据集】选择"eliments"，【源数据】→【插值字段】选择"Zn"，【源数据】→【缩放比例】设置"1"。【插值范围】→【左】设置"500200.000122"，【插值范围】→【上】设置"4281137.731728"，【插值范围】→【右】设置"543476.800122"，【插值范围】→【下】设置"4247806.531728"。【结果数据】→【数据源】选择"Ex13"，【结果数据】→【数据集】设置"Zn"，【结果数据】→【分辨率】设置"89.6"，【结果数据】→【像素格式】选择"双精度浮点型"。

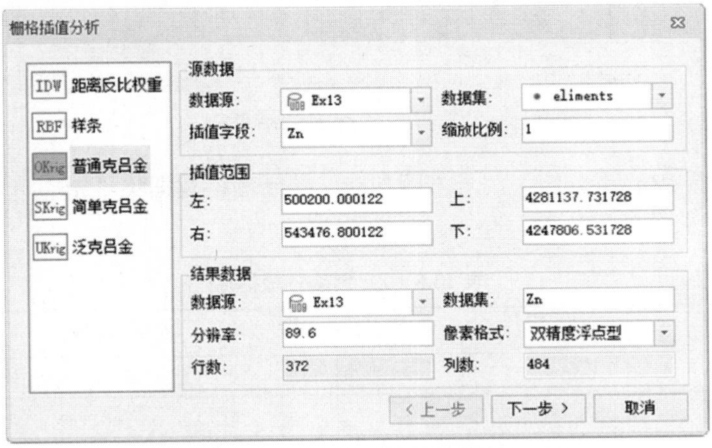

图 13.29　Zn 插值参数设置

点击【下一步】，在【普通克吕金】对话框中：【样本点查找设置】→【查找方式】默认，【样本点查找设置】→【最大半径】默认，【样本点查找设置】→【查找点数】默认 12。【其他参数】→【半变异函数】默认，【其他参数】→【基台值】默认，【其他参数】→【旋转角度】默认，【其他参数】→【自相关阈值】默认，【其他参数】→【平均值】默认，【其他参数】→【块金效应值】默认(图 13.30)。点击【完成】，得到<Zn>栅格数据集(图 13.31)。

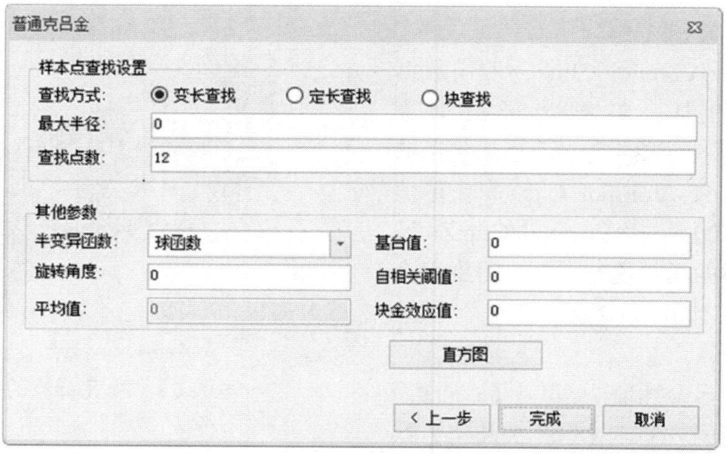

图 13.30　Zn 普通克吕金插值

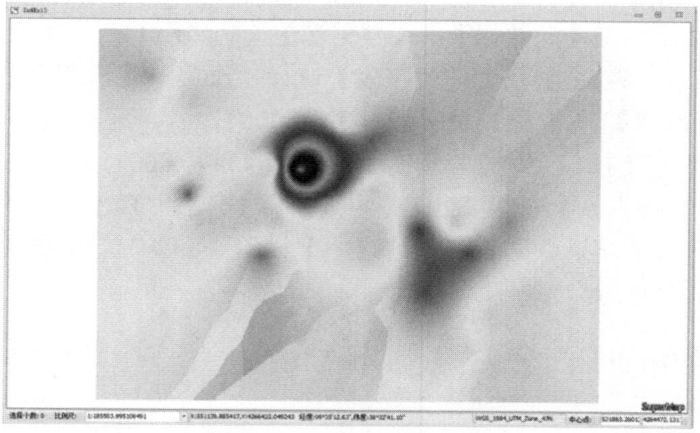

图 13.31　Zn 插值结果

对栅格数据集<Zn>重分级，用直方图功能，得到栅格数据集<Zn>的平均值 80.55，分级标准如表 13.6 所示。

表 13.6　Zn 栅格分级标准

Zn 元素异常	(>120.83)	(96.66，120.83)	(80.55，96.66)	(<80.55)
	3	2	1	0

点击【数据】→【制图综合】，选择【栅格重分级】。在【栅格重分级】对话框中：【源数据】→【数据源】选择“Ex13”，【源数据】→【数据集】选择“Zn”。【结果数据】→【数据源】选择“Ex13”，【结果数据】→【数据集】设置“Zn 栅格”，【结果数据】→【像素格式】选择“双精度浮点型”。【范围区间】选中【左开右闭】。【级数设置】选中【级数】，并设置为“4”。根据分级标准设置段值下限“0，80.55，96.66，120.83”，设置段值上限“80.55，96.66，120.83，260”，目标值“0，1，2，3”(图 13.32)。点击【确定】，得到栅格数据集<Zn 栅格>(图 13.33)。

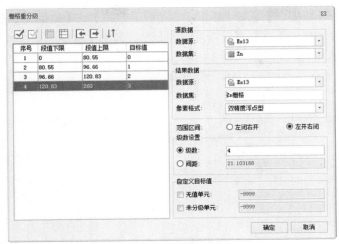

图 13.32　Zn 栅格重分级

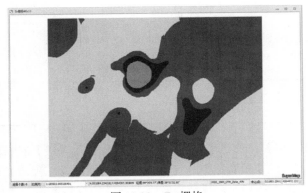

图 13.33　Zn 栅格

13.6.5　成矿预测靶区圈定

　　根据各栅格权重指标(表 10.3)进行栅格代数运算：点击菜单【数据】，在【数据处理】右侧点击 ⏷ ，在【栅格】下选择【代数运算】。在【栅格代数运算】对话框中：运算表达式为[Ex13.岩性栅格] × 0.201+ [Ex13.缓冲区栅格] × 0.094 + [Ex13.铁染蚀变栅格] × 0.220 + [Ex13.羟基蚀变栅格] × 0.195 + [Ex13.Cu 栅格] × 0.145 + [Ex13.Zn 栅格] × 0.145(图 13.34)。

图 13.34　各栅格加权运算

　　【结果数据】→【数据源】选择"Ex13"，【结果数据】→【数据集】设置"成矿预测"，【结果数据】→【像素格式】选择"双精度浮点型"，勾选【忽略无值栅格单元】，点击【确定】，生成栅格数据集<成矿预测>(图 13.35)。

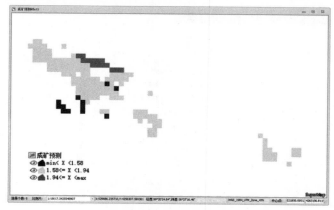

图 13.35　成矿预测图

　　对栅格数据集<成矿预测>重分级，分级标准如表 13.7 所示。

表 13.7　成矿预测重分级标准

成矿远景区	(>1.94)	(1.58，1.94)	(<1.58)
	3	2	1

　　点击【数据】→【栅格】，选择【重分级】。在【栅格重分级】对话框中：【源数据】→【数据源】选择"Ex13"，【源数据】→【数据集】选择"成矿预测"(图 13.36)。【结果数据】→【数据源】选择"Ex13"，【结果数据】→【数据集】设置"成矿远景区"，【结果数据】→【像素格式】选择"双精度浮点型"。【范围区间】选中【左开右闭】。【级数设置】选中【级数】，并设置为"3"。根据分级标准设置段值下限"0，1.58，1.94"，设置段值上限"1.58，1.94，3"，目标值"1，2，3"。

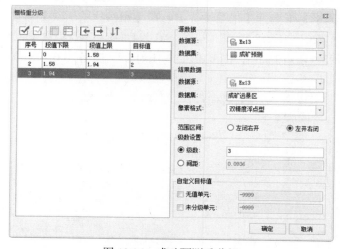

图 13.36　成矿预测重分级

点击【确定】，生成栅格数据集<成矿远景区>。其栅格值 1、2、3 分别代表Ⅰ级远景区、Ⅱ级远景区、Ⅲ级远景区，至此，得到了不同级别的铜锌矿成矿远景区（图 13.37）。

图 13.37 铜锌矿成矿远景区

13.7 练 习 题

运用本数据，根据铜铅矿成矿条件，选取矿化蚀变、控矿地层岩性、控矿构造、铜铅元素异常等矿化信息作为重要预测指标，指标赋值如表 13.8～表 13.10 所示。利用 GIS 空间分析方法对成矿预测指标进行综合决策，从而圈定不同级别的铜铅矿成矿远景区。

表 13.8 控矿指标分级赋值

控矿指标	密切相关	相关	弱相关	无关
分级赋值	3	2	1	0

表 13.9 各控矿指标具体赋值

控矿岩性	铁镁质岩(超基性岩)	长英质岩	花岗岩	其他岩石
	2	3	3	
控矿断裂	0～300m 距离	300～600m 距离	600～900m 距离	>900m 缓冲区之外
	3	2	1	
铁染蚀变	有蚀变	无蚀变		
	3	0		
羟基蚀变	有蚀变	无蚀变		
	3	0		
Cu 元素异常	>1.5 平均值	(1.5 平均值,1.2 平均值)	(1.2 平均值, 平均值)	(低于平均值)
	3	2	1	0
Pb 元素异常	>1.8 平均值	(1.8 平均值,1.3 平均值)	(1.3 平均值, 平均值)	(低于平均值)
	3	2	1	0

表 13.10　研究区控矿指标权重

控矿指标	控矿岩性	控矿断裂	铁染蚀变	羟基蚀变	Cu 元素异常	Pb 元素异常
权重	0.201	0.094	0.210	0.195	0.145	0.155

13.8　实　验　报　告

根据实验数据，完成练习题，制作铜铅矿成矿预测地图。

（1）考察 Cu、Pb 数据：①数据分布（是否是正态分布）。②趋势分析（南北方向或是东西方向等）。③异常值检查（检查是否存在异常值，如果存在，将之删除）。④完成表 13.11。

表 13.11　Cu、Pb 数据统计

特征值	最小值	最大值	平均值	标准差
Cu				
Pb				

（2）根据 Cu、Pb 元素插值结果，完成表 13.12。

表 13.12　Cu、Pb 元素插值后平均值

Cu、Pb 元素插值结果	平均值
Cu	
Pb	

（3）列出 Cu、Pb 成矿预测计算表达式。

（4）制作 Cu、Pb 成矿预测图。

13.9　思　考　题

（1）本实验案例中，获取栅格数据平均值用的是什么方法，还有没有其他方法可以获取到栅格数据的平均值？

（2）建立控矿断裂缓冲区使用单重缓冲区分析能不能实现？如何实现？

（3）本实验案例多次使用矢量转栅格功能，该功能中栅格值字段有什么意义？

（4）地图指定区域裁剪，指定区域有多个面对象，如何快速选择所有面对象？

（5）本实验中采样点控制范围的生成可以使用自定义区域实现吗？如何实现？

实验 14　公园选址规划

14.1　实　验　要　求

现有公园规划选址各因素的栅格数据，依据如下条件，进行公园选址。

(1) 地势：坡度小于 20°，计分模型如下：

$$f(x) = \begin{cases} \dfrac{20-x}{20} & x \leqslant 20° \\ 0 & x > 20° \end{cases}$$

(2) 朝向：较好的朝向为东南、南和西南，计分模型如下：

$$f(x) = \begin{cases} 0 & 0 \leqslant x \leqslant 90° \text{ or } 270° \leqslant x \leqslant 360° \\ \dfrac{x-90°}{90°} & 90° < x \leqslant 180° \\ 1 & x = -1 \\ \dfrac{270°-x}{90°} & 180° < x < 270° \end{cases}$$

(3) 高程：高程值在 1000~2500m，其中最理想的高程值范围是 1700~1800m，计分模型如下：

$$f(x) = \begin{cases} 0 & x < 1000 \text{ or } x > 2500 \\ \dfrac{x-1000}{700} & 1000 \leqslant x \leqslant 1700 \\ 1 & 1700 < x < 1800 \\ \dfrac{2500-x}{700} & 1800 \leqslant x \leqslant 2500 \end{cases}$$

(4) 与湖泊的距离：距离湖泊不超过 1km，计分模型如下：

$$f(x) = \begin{cases} \dfrac{1000-x}{1000} & x \leqslant 1000 \\ 0 & x > 1000 \end{cases}$$

(5) 与街道距离：候选区不应该在主要街道的 300m 缓冲区内，计分模型如下：

$$f(x) = \begin{cases} \dfrac{x}{300} & x \leqslant 300 \\ 1 & x > 300 \end{cases}$$

上述各项得分之和大于 4 的像元为公园候选区，不能选择在已有公园内，且规划公园面积需要大于 30hm^2。

　　本实验要求完成下列分析。

　　(1)依据计分模型，对公园选址各指标数据层每一个像元重新赋值。

　　(2)运用栅格叠加计算确定各像元的得分之和。

　　(3)根据约束条件，确定公园侯选区域。

14.2　实 验 分 析

　　本实验中，公园选址涉及地势、朝向、高程、与特殊地物的距离等多种因素，与之对应的各数据层的数据特征(物理意义)完全不同，如地形用坡度表示、高程用海拔表示、朝向用方位角表示等，因此对这些数据进行集成分析(叠加分析)时，需要对它们进行转换，即对栅格重新赋值，实验条件给出了各因素的重新赋值模型。

　　本实验的基本步骤：首先是指标的获取，即从 DEM 数据提取坡度、坡向、高程等指标，并获取湖泊、街道等栅格数据。其次是依据计分模型，对公园选址各指标数据层每一个像元重新赋值。然后运用栅格叠加计算确定各像元的得分之和，根据计算结果，得分值大于 4 的像元为候选区域。最后，根据约束条件(面积大于 30hm^2)，利用 SQL 查询等功能筛选出结果区域。

14.3　实 验 目 标

　　(1)理解栅格数据重新赋值的意义与方法。

　　(2)掌握 SQL 查询方法。

14.4　实 验 数 据

　　<terrain>：地形数据。

　　<lakes>：　湖泊数据。

　　<parks>：　公园数据。

　　<roads>：　道路数据。

14.5　实验方案设计

　　(1)使用表面分析和距离栅格计算选址模型。

　　(2)使用栅格代数运算对选址模型进行叠加。

　　(3)使用栅格矢量化、SQL 查询等功能得到最终选址结果。

14.6　实 验 步 骤

　　打开 SuperMap iDesktop，点击【开始】，选择【打开】，选择【文件型】，在【打开数据源】对话框中选择实验数据<Ex14.udb>。

14.6.1　选择平坦地区

　　选择【分析】→【表面分析】→【坡度分析】，【数据集】选择"terrain"，【坡度单位类型】使用默认的"角度"，点击【确定】生成坡度分析结果(图 14.1)。

双击【工作空间管理器】中的坡度分析结果，在地图窗口中查看(图 14.2)。

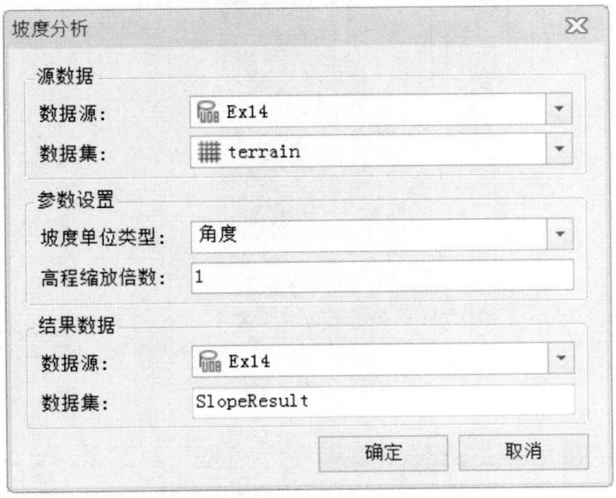

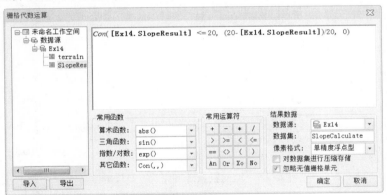

图 14.1　坡度分析 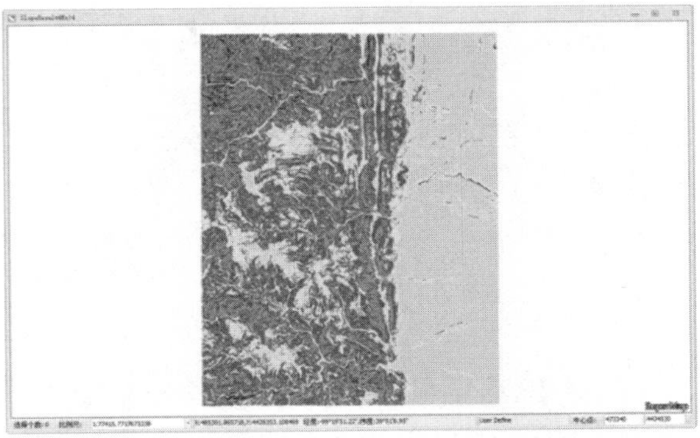　　　　　　　　　　　　　　　　图 14.2　坡度分析结果

选择【数据】菜单下的【代数运算】功能，【像素格式】选择"单精度浮点型"，运算表达式为"$Con([Ex14.SlopeResult] <= 20, (20-[Ex14.SlopeResult])/20, 0)$"，点击【确定】。通过栅格代数运算功能对坡度数据进行计算处理(图 14.3)。

图 14.3　坡度数据栅格代数运算设置

双击【工作空间管理器】中的栅格代数运算结果，在地图窗口中查看(图 14.4)。

14.6.2　选择较好朝向

选择【分析】→【表面分析】→【坡向分析】，【数据集】选择"terrain"，点击【确定】生成坡向分析结果(图 14.5)。

双击【工作空间管理器】中的坡向分析结果，在地图窗口中查看(图 14.6)。

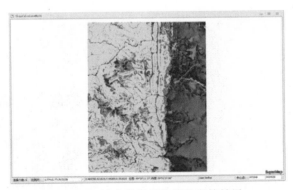

图 14.4　坡度数据栅格代数运算结果

图 14.5　坡向分析　　　　　　　　　　图 14.6　坡向分析结果

选择【数据】菜单下的【代数运算】功能，【像素格式】选择"单精度浮点型"，运算表达式为 " Con([Ex14.AspectResult] >= 0，Con([Ex14.AspectResult] > 90，Con([Ex14.AspectResult] > 180，Con([Ex14.AspectResult] >= 270,0，(270–[Ex14.AspectResult])/90)，([Ex14.AspectResult]–90)/90)，0)，1)"，点击【确定】。通过栅格代数运算功能对坡向数据进行计算处理(图 14.7)。

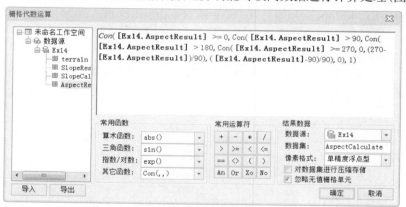

图 14.7　坡向数据栅格代数运算设置

双击【工作空间管理器】中的栅格代数运算结果，在地图窗口中查看(图 14.8)。

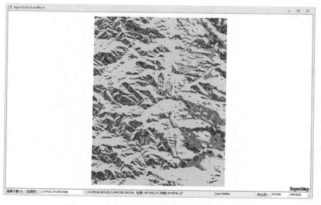

图 14.8　坡向数据栅格代数运算结果

14.6.3 选择适当高程

双击【工作空间管理器】中的<terrain>数据，在地图窗口中查看（图 14.9）。

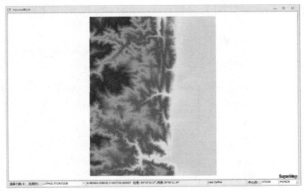

图 14.9 高程数据

选择【数据】菜单下的【代数运算】功能，【像素格式】选择"单精度浮点型"，运算表达式为"$Con([Ex14.terrain] >= 1000, Con([Ex14.terrain] > 1700, Con([Ex14.terrain] >= 1800, Con([Ex14.terrain] > 2500, 0, (2500 - [Ex14.terrain])/700), 1), ([Ex14.terrain] - 1000)/700), 0)$"，点击【确定】。通过栅格代数运算功能对高程数据进行计算处理（图 14.10）。

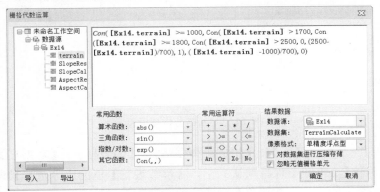

图 14.10 高程数据栅格代数运算设置

双击【工作空间管理器】中的栅格代数运算结果，在地图窗口中查看（图 14.11）。

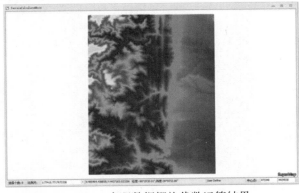

图 14.11 高程数据栅格代数运算结果

14.6.4　靠近湖泊

点击【分析】→【栅格分析】菜单的右下角(图 14.12),进行栅格分析环境设置,如图 14.13 所示。将【结果数据地理范围】设置如<terrain>数据集,【默认输出分辨率】设置也如 <terrain>数据集。

图 14.12　分析菜单

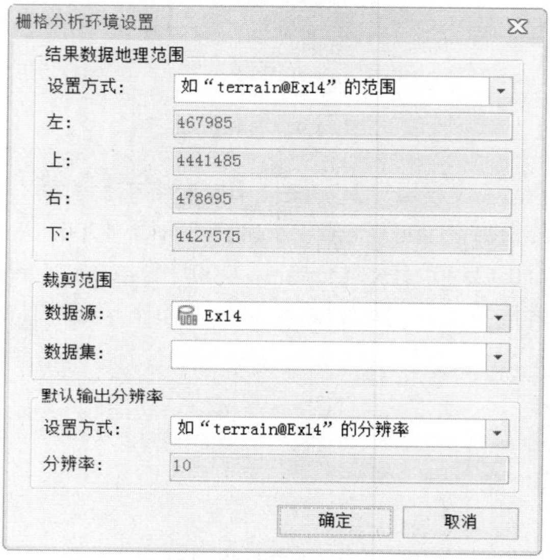

图 14.13　栅格分析环境设置

选择【分析】→【距离栅格】→【生成距离栅格】,【源数据】→【数据集】选择"lakes", 【耗费数据】下的【数据集】保持默认为空,【参数设置】下的【分辨率】设置为"10", 删除【结果数据】下的【方向数据集】和【分配数据集】名称,即在距离栅格分析中,无需 生成这两个结果数据集(图 14.14)。点击【确定】,进行湖泊面的距离栅格计算。

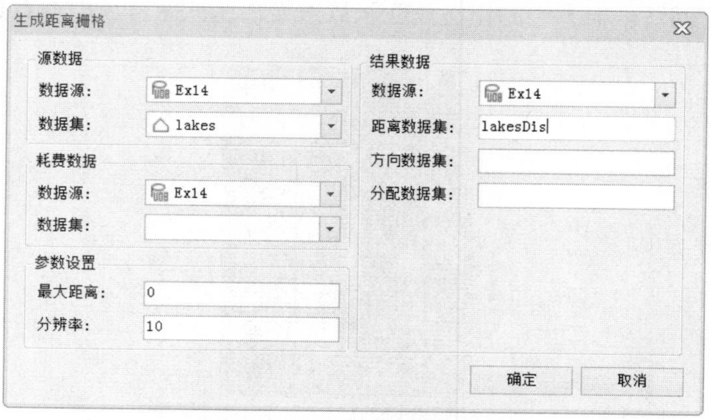

图 14.14　湖泊距离栅格设置

双击【工作空间管理器】中的距离栅格计算结果，在地图窗口中查看(图 14.15)。

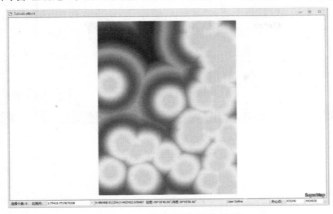

图 14.15　湖泊距离栅格结果

选择【数据】→【代数运算】，【像素格式】选择"单精度浮点型"，运算表达式为"Con([Ex14.lakesDis] <= 1000,(1000−[Ex14.lakesDis])/1000,0)"(图 14.16)，点击【确定】。通过栅格代数运算功能对距离栅格数据进行计算处理。

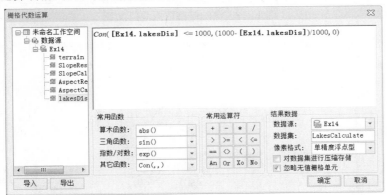

图 14.16　湖泊栅格代数运算设置

双击【工作空间管理器】中的栅格代数运算结果，在地图窗口中查看(图 14.17)。

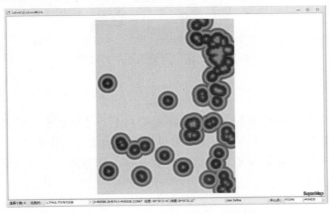

图 14.17　湖泊栅格代数运算结果

　　将湖泊矢量面数据放置于代数运算结果之上，并将湖泊面对象全选，选择【地图】菜单下的【地图裁剪】→【选中对象区域裁剪】，使用选中的所有湖泊面对象对代数运算结果栅格进行裁剪。【裁剪方式】选择【区域外】，点击【确定】，进行计算(图 14.18)。

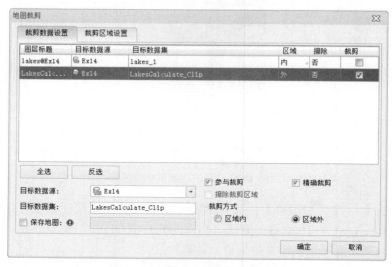

图 14.18　湖泊栅格数据裁剪设置

　　双击【工作空间管理器】中的裁剪计算结果，在地图窗口中查看(图 14.19)。此时湖泊面所在的栅格区域已经被裁剪掉了。

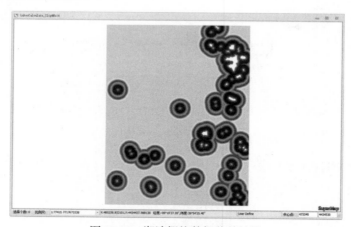

图 14.19　湖泊栅格数据裁剪结果

14.6.5　远离街道

　　选择【分析】→【距离栅格】→【生成距离栅格】，【数据集】选择"roads"，【耗费数据】中的【数据集】保持默认为空，【参数设置】下的【分辨率】设置为"10"，删除【结果数据】下的【方向数据集】和【分配数据集】名称，即在距离栅格分析中，无需生成这两个结果数据集。点击【确定】，进行道路线的距离栅格计算(图 14.20)。

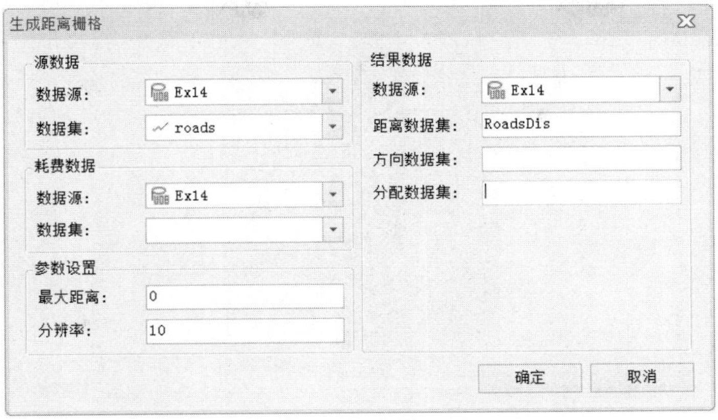

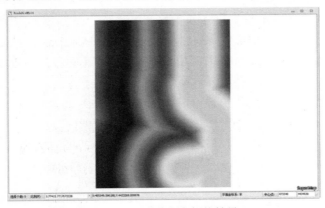

图 14.20　道路距离栅格设置

双击【工作空间管理器】中的距离栅格计算结果，在地图窗口中查看(图 14.21)。

图 14.21　道路距离栅格结果

选择【数据】菜单下的【代数运算】功能，【像素格式】选择"单精度浮点型"，运算表达式为"$Con([Ex14.RoadsDis] \leq 300, [Ex14.RoadsDis]/300,1)$"，点击【确定】。通过栅格代数运算功能对距离栅格数据进行计算处理(图 14.22)。

图 14.22　道路栅格代数运算设置

双击【工作空间管理器】中的栅格代数运算结果，在地图窗口中查看(图 14.23)。

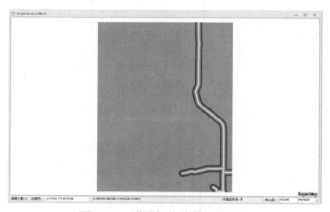

图 14.23　道路栅格代数运算结果

14.6.6　不要在公园内

选择【数据】→【代数运算】，【像素格式】选择"单精度浮点型"，运算表达式为 "[Ex14.SlopeCalculate] + [Ex14.AspectCalculate] + [Ex14.TerrainCalculate] + [Ex14.Lakes Calculate_Clip] + [Ex14.RoadsCalculate]"（图 14.24），点击【确定】。通过栅格代数运算功能将前面进行的多因素适宜性评价结果进行汇总。

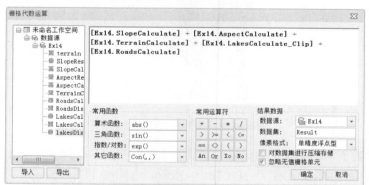

图 14.24　公园选址代数运算设置

双击【工作空间管理器】中的栅格代数运算结果，在地图窗口中查看（图 14.25）。

图 14.25　公园选址结果

将公园矢量面数据放置于栅格代数运算结果之上，并将公园面对象全选，选择【地图】菜单下的【地图裁剪】→【选中对象区域裁剪】，使用选中的所有公园面对象对栅格代数运算结果进行裁剪（图 14.26）。【裁剪方式】选择【区域外】，点击【确定】，进行计算。

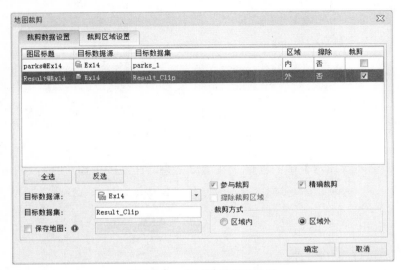

图 14.26　公园选址裁剪设置

双击【工作空间管理器】中的地图裁剪结果，在地图窗口中查看（图 14.27）。此时公园面所在的栅格区域已经被裁剪掉了。

图 14.27　公园选址裁剪结果

14.6.7　筛选适宜性地区

选择【数据】→【代数运算】，【像素格式】选择"32 位"，运算表达式为"$Con([Ex14.Result\_Clip]>=4, 1, -9999)$"，点击【确定】。通过栅格代数运算功能将适宜性评价得分大于 4 的区域筛选出来（图 14.28）。

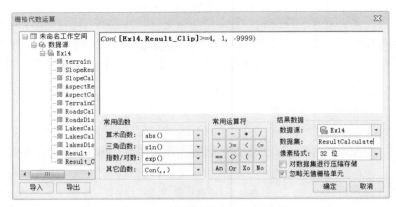

图 14.28　筛选得分大于 4 的区域

双击【工作空间管理器】中的栅格代数运算结果，在地图窗口中查看(图 14.29)。

图 14.29　得分大于 4 的栅格区域

选择【分析】→【矢栅转换】→【栅格矢量化】，在【源数据】的【数据集】中选择代数运算结果，点击【确定】，将栅格区域转换为矢量数据(图 14.30)。

图 14.30　栅格矢量化设置

双击【工作空间管理器】中的栅格矢量化结果，在地图窗口中查看（图 14.31）。

图 14.31　得分大于 4 的矢量区域

选择【数据】菜单下的【SQL 查询】，【查询字段】双击选择"VectorizeResult.*"，【查询条件】设置为"VectorizeResult.SmArea >= 300000"，勾选【保存查询结果】，点击【查询】，查询出面积大于 30hm^2（即 300000m^2）的区域（图 14.32）。

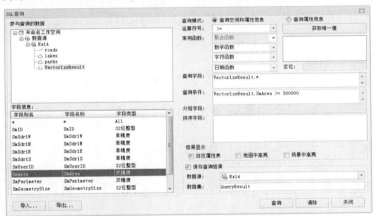

图 14.32　查询面积大于 30hm^2 的区域

将【工作空间管理器】中的 SQL 查询结果拖拽到地图窗口，叠加在地形图层之上，在地图窗口中查看（图 14.33）。

图 14.33　最终选址结果

14.7　练　习　题

根据实验提供的数据，按照以下要求和标准寻找适宜的区域。运用空间分析方法选址，标准如下。

(1) 要选择平坦的地区，要求将坡度值 X 进行划分。坡度等级：平坡 $X \leqslant 5°$，缓坡 $5° < X \leqslant 15°$，斜坡 $15° < X \leqslant 25°$，陡坡 $25° < X \leqslant 35°$，急坡 $35° < X \leqslant 45°$，险坡 $X > 45°$。影响因子按照坡度等级依次赋值 5，4，3，2，1，0。

(2) 要选择较好的朝向，本练习认为较好的朝向为东南、南和西南，朝向值在区间[90，270]或者值为 "−1" 时，朝向影响因子为 3，其他取值为 0。

(3) 要选择适当的高程，当高程在区间[1350，1700]、[1800，2150]时，影响因子为 1，当高程值在区间(1700，1800)时，影响因子为 3，其他取值为 0。

(4) 要选择靠近湖泊的地方，要求生成湖泊的缓冲区，缓冲区半径 $D \leqslant 1000m$ 的影响因子赋值为 5，$1000 < D \leqslant 1500m$ 的影响因子赋值为 3，$1500 < D \leqslant 2000m$ 的影响因子赋值为 1，其他取值为 0。

(5) 不要靠近主要街道。要求生成主要街道的缓冲区，缓冲区半径 $D \leqslant 300m$ 的影响因子赋值为 0，$300 < D \leqslant 800m$ 的影响因子赋值为 1，$800 < D \leqslant 1300m$ 的影响因子赋值为 2，其他取值为 3。

(6) 不要选择在公园内。

(7) 筛选出各项得分之和大于 15 且面积大于 100hm² 的区域。

14.8　实　验　报　告

(1) 根据实验数据，完成练习题，筛选出公园选址的适宜性区域，并列出选址过程中关键性的操作步骤。

(2) 根据练习题目要求，分析选取出的各项得分之和大于 15 且面积大于 100hm² 的区域数目是___。

14.9　思　考　题

(1) 根据练习题目要求，进行坡向数据的适宜性得分计算时，为什么需要使用【栅格代数运算】功能，而不能使用类似坡度数据计算时使用的【栅格重分级】功能？

(2) 在坡向分析结果中，为什么存在值为−1 的区域，为什么会出现这样的区域？

(3) 坡向计算的栅格表达式是否可以准确体现选址模型中对于较好朝向的选址模型，是否存在隐患？

(4) 尝试理解实验步骤中对高程数据计算选址模型得分时，所使用的栅格代数运算表达式的含义，并注意开闭区间控制。

(5) 为什么需要对湖泊数据代数运算结果进行裁剪？是否还有其他方式可得到相同的效果？

(6) 在进行湖泊矢量面数据的距离栅格分析之前，为什么需要将栅格分析结果地理范围和分辨率设置为与地形数据相同？

(7) 湖泊和道路的距离影响是否也可以通过其他空间分析功能进行表达？

实验 15　洪涝灾害评估

15.1　实 验 要 求

根据数字高程模型(DEM)和土地利用类型数据，在已知洪水水位条件下进行如下分析。

(1)计算洪涝淹没范围和洪涝水量。

(2)计算洪涝淹没区土地利用类型及面积。

15.2　实 验 分 析

洪涝灾害评估一般涉及洪涝淹没范围、洪涝水量、淹没的土地利用类型及其面积等参数的计算。

洪涝灾害评估主要依据 DEM 数据中的高程值来分析。本实验基于 DEM 数据(只考虑降水造成的水位抬升，不考虑地表径流水的汇入)进行无源淹没模拟，主要包括洪涝水量和淹没范围的计算。已知洪水水位时，可以利用表面分析和栅格代数运算等方法提取洪水淹没的区域，并结合地形起伏特征计算洪水水量。进一步将土地利用类型数据与洪涝淹没范围数据进行叠加分析，得到淹没区域的各种土地利用类型及面积。如果各种土地利用类型的单价已知，则可评估整个淹没区的经济损失。

15.3　实 验 目 标

(1)掌握 DEM 流域水文分析的主要方法。

(2)了解 GIS 洪涝灾害评估的基本步骤。

15.4　实 验 数 据

\<T2004LandUse\>：2004 年某区域的土地利用类型数据。

\<T2009LandUse\>：2009 年某区域的土地利用类型数据。

\<dem\>：该区域高程数据。

15.5　实 验 方 案 设 计

(1)根据洪水水位，提取小于洪水水位的栅格，并转换为矢量面，得到洪涝灾害的区域，再根据栅格分析提供的填挖方功能计算洪涝水量。

(2)利用矢量叠加分析功能，利用土地利用类型数据和受洪涝灾害的区域数据，计算出洪涝灾害区域各种类型土地的受灾区域和面积。

15.6　实　验　步　骤

打开 SuperMap iDesktop，点击【开始】，选择数据源中【打开】，选择【文件型】，在【打开数据源】对话框中选择实验数据<Ex15.udb>。

15.6.1　选择适当高程

选择菜单【数据】→【数据处理】→【代数运算】，如图 15.1 所示。

图 15.1　栅格代数运算菜单

弹出【栅格代数运算】对话框：在表达式输入框中输入"[Ex15.dem]< 60"，表示提取栅格值小于 60 的所有栅格；在【结果数据】中的【数据集】输入框中输入"Elevation60"；【像素格式】选择"16 位"；其他参数保持默认(图 15.2)，点击【确定】。栅格代数计算完成后会得到<Elevation60>数据集，双击打开到新的地图窗口(图 15.3)。

图 15.2　栅格代数运算对话框

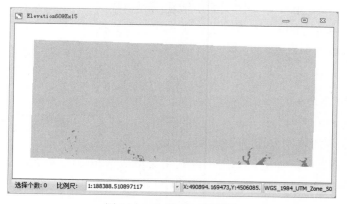

图 15.3　小于 60m 的区域

15.6.2 栅格转矢量面

选择菜单【分析】→【栅格分析】→【矢栅转换】→【栅格矢量化】，如图 15.4 所示。

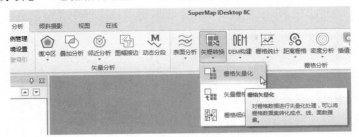

图 15.4 栅格矢量化菜单

弹出【栅格矢量化】对话框：在【源数据】的【数据集】中选择"Elevation60"；【结果数据】的【数据集类型】选择"面数据集"，【数据集名称】输入"Vectorize60"；在【栅格设置】中，选中【只转换指定栅格值】，并在【栅格值】的输入框中输入"1"；其他参数默认（图 15.5）。点击【确定】，计算完成后，得到面数据集<Vectorize60>，打开数据集<Vectorize60>和<dem>到地图中（图 15.6）。

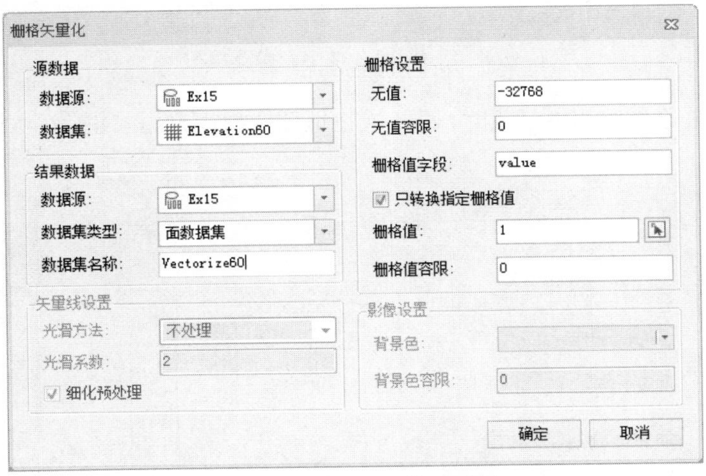

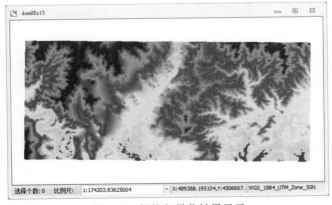

图 15.5 栅格矢量化对话框

图 15.6 栅格矢量化结果显示

15.6.3　计算洪涝淹没范围和洪涝水量

打开<Vectorize60>数据集到地图，在【图层管理器】中选中图层 "Vectorize60@Ex15"，并设定为 "可编辑"；在地图窗口中，右键鼠标，在右键菜单中选中【全部选中】（图 15.7）。

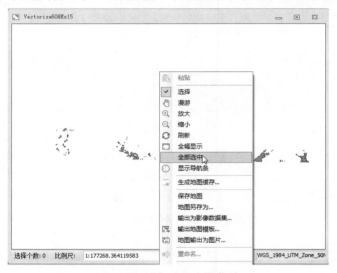

图 15.7　对象选中右键菜单

当地图中的对象处于选中对象时，再一次在地图窗口中点击右键，在右键菜单中选择【组合】（图 15.8）。

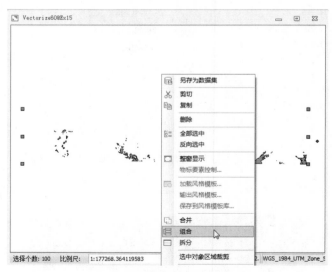

图 15.8　对象组合右键菜单

弹出【组合】对话框，参数默认，点击【确定】后，数据集<Vectorize60>中所有对象会组合成一个面对象。然后，选择菜单【分析】→【栅格分析】→【表面分析】→【面填挖方】（图 15.9）。

图 15.9　面填挖方菜单

　　弹出【面填挖方】对话框：在【源数据集】的【数据集】中选择"dem"数据集；在【参考对象】中点击【选择】，在地图窗口中选中<Vectorize60@Ex15>图层中的面对象；在【附加高程】中输入"60"（图 15.10）。点击【确定】，计算完成后，会生成结果栅格数据集<CutFillResult>，并在【输出窗口】中输出分析结果：填充体积为 3979800m^3，挖掘体积为 0m^3，填充面积为 1937925m^2，挖掘面积为 0m^2，未填挖面积为 0m^2。

　　从输出信息中可以得到，当洪水位为 60m 时，洪涝淹没范围为 1937925m^2，洪涝水量为 3979800m^3。

图 15.10　面填挖方对话框

15.6.4　计算洪涝淹没土地

　　选择菜单【分析】→【矢量分析】→【叠加分析】，弹出【叠加分析】对话框。在对话框左边选择【裁剪】，【源数据】的【数据集】中选择"T2004LandUse"，【叠加数据】的【数据集】中选择"Vectorize60"，在【结果设置】的【容限】中输入"0.01"，并在【数据集】中输入有效的数据集名称，也可以使用默认（图 15.11）。点击【确定】，计算完成后，得到结果数据集<ClipResult>，打开<ClipResult>数据集到地图中（图 15.12）。

图 15.11　叠加分析对话框

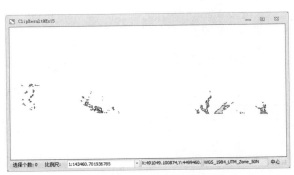

图 15.12　叠加分析结果

选择数据集<ClipResult>，点击右键，在右键菜单中选择【浏览属性表】（图 15.13）。

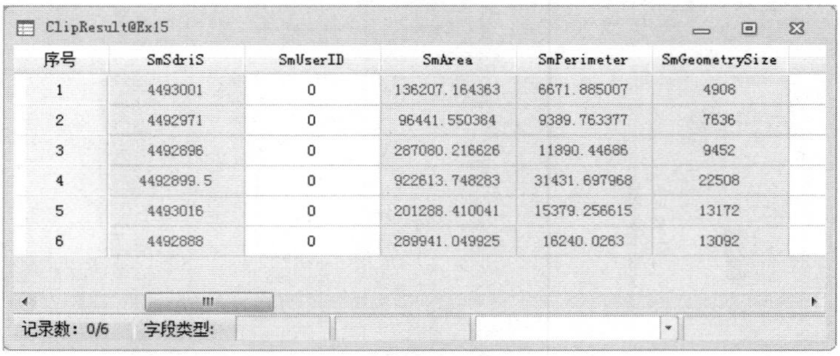

序号	SmSdriS	SmUserID	SmArea	SmPerimeter	SmGeometrySize
1	4493001	0	136207.164363	6671.885007	4908
2	4492971	0	96441.550384	9389.763377	7636
3	4492896	0	287080.216626	11890.44686	9452
4	4492899.5	0	922613.748283	31431.697968	22508
5	4493016	0	201288.410041	15379.258615	13172
6	4492888	0	289941.049925	16240.0263	13092

记录数：0/6　　字段类型：

图 15.13　叠加分析结果属性表浏览

读取每行的 SmArea 字段值，可以得到在洪水位为 60m 时的土地淹没统计，如表 15.1 所示。

表 15.1　2004 年 60m 洪水位土地淹没面积统计

洪水位/m	耕地/m²	园地/m²	林地/m²	建设用地/m²	水域及水利设施用地/m²	其他/m²
60	287080	922613	289941	136207	96441	201288

15.7　练　习　题

使用该实验数据，当洪水水位为 60m、70m、80m 和 100m 时，分别评估：
(1) 2009 年各类土地被淹没面积；
(2) 被淹没的范围和洪涝水量。

15.8　实　验　报　告

(1) 在不同的洪涝水位时，计算 2009 年各类土地被淹没面积，完成表 15.2。

表 15.2　2009 年土地淹没面积统计

洪水位/m	耕地/m²	园地/m²	林地/m²	建设用地/m²	水域及水利设施用地/m²	其他/m²
60						
70						
80						
100						

(2) 在不同的洪涝水位时，计算洪涝淹没范围(面积)和洪涝水量(体积)，完成表 15.3。

表 15.3　不同水位淹没范围和水量统计

洪水位/m	淹没范围/m²	洪涝水量/m³
60		
70		
80		
100		

(3)如对某一区域洪涝灾害进行评估，说明分析思路和操作步骤。

(4)当洪水位为 100m 时，制作洪水淹没范围图。

15.9　思　考　题

(1)查找文献了解有源洪水淹没分析，对比其与无源淹没分析的异同。

(2)统计洪涝水量时，如果不使用填挖方功能，还可以怎样得到洪涝水量？

(3)在计算洪涝淹没范围时得到矢量面对象需要通过【组合】功能，将所有面对象组合成一个大的面对象，以便后面进行填挖方时可以方便选择整个洪涝范围进行计算。除了使用【组合】功能，是否可以通过其他功能达到相同效果？

(4)对象的【组合】与对象的【合并】功能有什么不同？

(5)在进行栅格【代数计算】时，计算洪水水位 60m 的栅格代数运算表达式为"Ex15.dem<60"，理解表达式为什么不是"Ex15.dem<=60"，如果使用"Ex15.dem <= 60"结果有什么不同？

(6)在已知洪水水量的情形下，使用 SuperMap iDesktop 怎样计算洪水水位？

参 考 答 案

Ⅰ 实 验 报 告

实验 1 土地类型分布特征统计

(1)各地类的斑块数和平均斑块大小见表 1.2。

表 1.2 各地类斑块数和平均斑块大小

土地类型	斑块数	平均斑块大小
AGR	117	148427.86
COM	163	33840.66
IND	46	74726.88
OPS	21	62559.22
RES	273	100578.07
TNS	64	69496.55
VAC	197	196371.08

(2)不同地类不同等级道路的密度见表 1.3。

表 1.3 不同地类不同等级道路的密度

土地类型 \ 道路等级	AGR	COM	IND	OPS	RES	TNS	VAC
0	0	0	0	0	0.00006	0.00009	0.00002
1	0	0	0	0	0	0.00541	0
2	0.00008	0.00003	0	0	0.00002	0.00063	0.00009
3	0.00069	0.00357	0.00031	0.00078	0.00073	0.00062	0.00026
4	0.00161	0.00379	0.00074	0.00488	0.00242	0.00170	0.00066
5	0.00228	0.00761	0.00514	0.00629	0.01029	0.00370	0.00220
9	0.00007	0.00039	0	0	0.00002	0.00308	0.00007
Sum	0.00473	0.01539	0.00619	0.01195	0.01354	0.01523	0.00330

(3)通过叠加分析的方法统计道路密度。

a. 进行数据集叠加分析。点击【分析】→【矢量分析】→【叠加分析】，弹出【叠加分析】对话框：在左边对话框栏选择【求交】叠加算子；在右边对话框【源数据】栏的【数据集】下拉框选择"Street"，在【叠加数据】的【数据集】下拉框选择 1.6.2 节"1. 数据集融合"中进行融合的结果数据集；设置叠加结果数据源的位置和结果数据集名称；点击【字段设置】按钮，弹出【字段设置】对话框；分别选择来自源数据和叠加数据的属性字段作为结果数据集的字段信息保留；在【来自源数据的字段】下选择道路长度字段和等级字段"CLASS"；在【来自叠加数据的字段】下选择土地类型字段"LU_ABV"和土地面积字段"AREA_Sum"，点击【确定】按钮，回到【叠加分析】对话框；【容限】根据数据情况设置，此处保持默认；勾选【进行结果对比】，点击【确定】，进行融合。

b. 使用 SQL 查询。点击【数据】→【查询】→【SQL 查询】，弹出【SQL 查询】对话框；【参与查询的数据】选择上步叠加分析结果数据；右侧【查询模式】选择【查询属性信息】；光标定位到【查询字段】空白栏，输入如下 SQL 查询语句（IntersectResult2 为叠加结果数据集）：IntersectResult2.CLASS,IntersectResult2.LU_ABV,Sum（IntersectResult2.长度）as StreetLength,Avg（IntersectResult2.AREA_Sum）as LandArea；将光标定位到【分组字段】栏，输入如下语句：IntersectResult2.CLASS,IntersectResult2.LU_ABV；【结果显示】选择【浏览属性表】，并保存查询结果。点击【查询】，生成了一张不同土地类型内不同等级道路长度表。

c. 统计道路密度。右键点击上步结果属性表，选择【属性】选项，切换到【属性表结构】选项卡，点击添加属性字段"Density"，用来存储道路长度和土地面积的比值，点击【应用】；双击打开结果属性表，右键点击新建的字段属性列"Density"；选择【更新列】，弹出【更新列】对话框，在【数据来源】栏选择【双字段运算】，第一运算字段选择"StreetLength"字段，运算方式选择除(/)，第二运算字段选择"LandArea"字段。点击【应用】即可得到一张反映不同土地类型内的道路密度表。

(4)各土地利用类型分类面积及变化见表 1.4。

表 1.4　各土地利用类型分类面积及变化

土地利用类型	2005 年土地利用类型面积	2015 年土地利用类型面积	土地利用类型净变化量	土地利用绝对变化率
水田	106877659.80	108443208.26	1565548.46	0.25%
水浇地	1006223.75	1154167.12	147943.37	0.02%
公路用地	0.03	679680.31	679680.28	0.11%
采矿用地	1.72	176128.10	176126.38	0.03%
旱地	525999931.24	554855578.64	28855647.40	4.55%
铁路用地	0	142353.15	142353.15	0.02%
设施农用地	0	52946.59	52946.59	0.01%
其他草地	0	25.85	25.85	0.00%
其他林地	0	0.04	0.04	0.00%
村庄	0	6349.57	6349.57	0.00%
总面积	633883816.54	665510437.63	31626621.09	4.99%

注：土地利用绝对变化率小于 0.005%的记为 0.00%。

实验 2　全球人口和资源分布特征分析

(1)四国人口、河流、湖泊和陆地统计见表 2.2。

表 2.2　四国人口、人均河流、人均湖泊和人均陆地统计(1994 年)

国家	人口数量	人均河流	人均湖泊	人均陆地
中国	1128139689	0.01575483	4.00667795	8394.46841681
俄罗斯	151827600	0.22482733	804.33217569	111199.21537521
加拿大	28402320	0.36201549	7638.96543748	342788.37458753
美国	258833000	0.06637640	630.62809360	35940.62740055

(2)中国各时期各经济区的 GDP 增长率和人均 GDP 见表 2.3。

表 2.3　中国各时期各经济区的 GDP 增长率和人均 GDP

经济区	GDP 增长率/%				人均 GDP/元				
	1995 年	2000 年	2009 年	2014 年	1990 年	1995 年	2000 年	2009 年	2014 年
东北	2.756	0.641	2.19	−0.286	15823	5717	9144	28552	20711
长江三角洲	3.757	0.720	2.782	−0.255	19118	8704	13902	48896	39573
华北环渤海	3.553	0.746	2.989	−0.257	18857	5865	9749	36333	28830
长江中游	3.725	0.669	2.362	−0.336	7859	3505	5758	19277	12532
南方沿海	4.382	0.698	2.785	0.133	12405	6188	9288	32200	34666
长江上游	2.992	0.592	2.599	−0.465	7650	2853	4445	15847	9772
西藏	2.332	1.098	2.757	−0.261	7567	2332	4483	15218	12209
黄河中游	3.085	0.66	3.546	−0.315	8644	3298	5311	23418	16162
黄河上游	2.216	0.703	2.849	−0.318	8626	2589	4153	15249	10744
新疆	3.658	0.635	2.134	−0.227	11656	5025	7088	19814	17349

注:该实验数据仅供学习实验使用,不代表真实情况。

(3)中国各时期各经济区的人口密度和增长率见表 2.4。

表 2.4　中国各时期各经济区的人口密度和增长率

经济区	增长率/%				人口密度/(人/km²)				
	1995 年	2000 年	2009 年	2014 年	1990 年	1995 年	2000 年	2009 年	2014 年
东北	9.39	0.026	0.021	−0.016	12.66	131.6	135	137.9	135.7
长江三角洲	9.44	0.077	0.075	−0.079	58.14	607.5	654.3	703.5	647.8
华北环渤海	13.63	0.05	0.07	−0.064	31.6	462.7	486	520.1	487
长江中游	9.59	0.016	0.004	0.0215	29.79	315.6	321	322	328.9
南方沿海	9.789	0.13	0.09	0.0528	24.85	268.1	303.3	331.	348.6
长江上游	9.7	0.02	0.0094	−0.1324	16.85	180.3	184.2	186	161.3
西藏	9.81	0.092	0.107	−0.08	0.18	1.95	2.133	2.36	2.17
黄河中游	9.7	0.031	0.03	−0.008	9.81	105.05	108.3	111.6	110.8
黄河上游	9.72	0.06	0.048	−0.032	2.577	27.62	29.3	30.73	29.7
新疆	9.8	0.16	0.12	−0.117	0.92	9.976	11.56	12.96	11.44

注:该实验数据仅供学习实验使用,不代表真实情况;人口密度所使用的数据为属性表数据集 GDP 里的 Area 字段。

(4)中国各时期的人口和经济重心见表 2.5。

表 2.5 中国各时期的人口和经济重心

年份	人口重心		经济重心	
1990	113.1206°E	32.6158°N	114.8851°E	33.3157°N
1995	113.2570°E	32.7344°N	115.0262°E	32.8502°N
2000	113.2537°E	32.6434°N	115.1348°E	32.8440°N
2009	113.2905°E	32.6040°N	115.1101°E	32.9078°N
2014	113.3639°E	32.5144°N	114.8876°E	32.1647°N

(5)埃塞俄比亚、苏丹、乌干达、埃及。（注：尼罗河包括 Nile、White Nile、Blue Nile）

(6)山东省、广西壮族自治区、海南省、北京市、广东省。

(7)新加坡、直布罗陀、摩纳哥、巴勒斯坦、梵蒂冈。

实验 3 超市选址规划

(1)再选择备选超市 3，可以达到总覆盖面最大，总覆盖的节点数为 2161。

(2)选取备选医院 1 后可以使区域全覆盖。

(3)打开网络数据集，设置网络环境参数；按照实验步骤进行最少模式选址分区分析，并保存分析结果。可以看出，至少需要新建 5 家银行才能满足要求，新建银行对应的中心点分别为 191、219、919、949、1006。

实验 4 河流污染物分析

(1)略。

(2)182，183，109152.9，3，369，27765850.1。

(3)使用的分析功能：多重缓冲区分析。

实现步骤：对共同下游追踪结果弧段进行多重缓冲区分析，设置缓冲半径分别为：50、100、150、200，勾选【合并缓冲区】，统计缓冲区面积。距河道距离与污染面积对应关系见表 4.1。

表 4.1 距河道距离与污染面积对应关系

距河道距离/m	污染面积/km²
0～50	2775.7
50～100	2773.8
100～150	2772.1
150～200	2770.5

实验 5 旅游信息综合查询

(1)使用空间查询算子相接逐一遍历以上七个区查询，各地区邻接关系结果如表 5.1 所示。

表 5.1　各地区邻接关系

各区	普陀区	南市区	杨浦区	闸北区	虹口区	卢湾区	黄浦区
普陀区	—	—	—	—	—	—	—
南市区	×	—	—	—	—	—	—
杨浦区	×	×	—	—	—	—	—
闸北区	✓	×	×	—	—	—	—
虹口区	×	×	✓	✓	—	—	—
卢湾区	×	✓	×	×	×	—	—
黄浦区	×	✓	×	✓	✓	✓	—

（2）使用空间查询算子包含逐一遍历以上七个区（可以考虑使用属性更新+SQL 查询的方式），各区的公园与景点数目见表 5.2。

表 5.2　各区的公园与景点数目

各区	公园数目	景点数目
普陀区	18	1
南市区	4	4
杨浦区	19	0
闸北区	33	1
虹口区	6	2
卢湾区	9	2
黄浦区	4	4

（3）宋教仁墓、鲁迅墓、陈毅像、儿童博物馆、龙华旅游城。

（4）北翟路、沪宁高速公路、延安西路、天山西路、曹安路；普陀区、长宁区、闵行区、嘉定区。

实验 6　海域表面温度插值与时空特征分析

（1）①2～12 月海洋表面温度数据平均值与中位数均非常接近，可认为服从正态分布。②2～12 月海洋表面温度数据均不存在异常值。③可以通过直方图获取，样本数据特征值统计见表 6.1。

表 6.1　样本数据特征值统计

月份(字段)	最小值	最大值	平均值	标准差
Feb	19.68	25.89	22.86	1.70
May	25.38	29.23	27.66	1.07

（2）可以通过栅格直方图获取，空间插值后的海域表面温度特征值见表 6.2。

表 6.2　空间插值后的海域表面温度特征值

海域表面温度	最小值	最大值	平均值	标准差
Feb_clip	19.69	25.89	22.90	1.59
May_clip	25.38	29.23	27.68	0.99

（3）季节性海域表面可通过栅格代数运算得到。1～12 月和季节性温度分布如图 6.20 和图 6.21 所示。

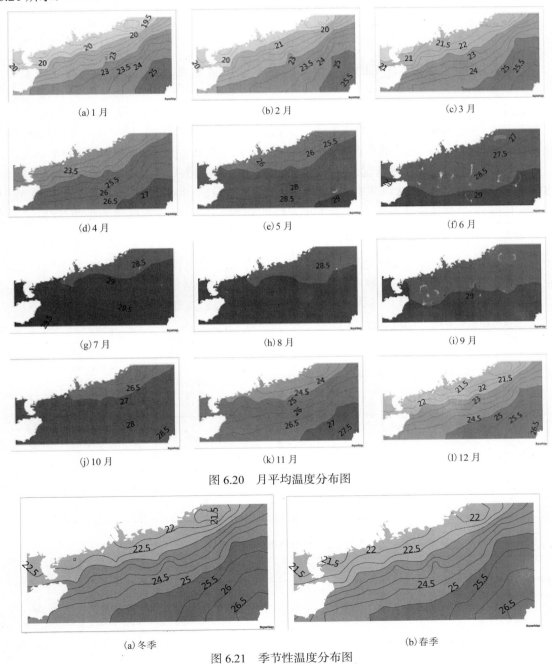

图 6.20　月平均温度分布图

(a) 冬季　　　　　　　　　　　　　(b) 春季

图 6.21　季节性温度分布图

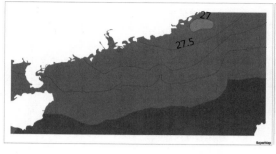
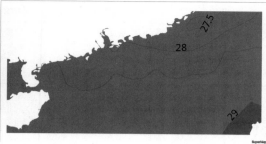

(c) 夏季　　　　　　　　　　　　　　　　(d) 秋季

图 6.21(续)

(4) 1 月 50m 外海域表面平均温度为 23.24℃，1 月 100m 等深海域表面平均温度为 22.41℃，实现步骤如下。

1 月 50m 外海域表面平均温度计算步骤：①使用【地图】→【地图裁剪】→【选中对象区域裁剪】指定 50m 外海域裁剪 1 月海域表面温度栅格，得到 1 月 50m 外海域表面温度栅格'Jan_50m 以外'；②使用【分析】→【直方图】功能统计 1 月 50m 外海域表面平均温度。

1 月 100m 海域表面平均温度计算步骤：①使用【地图】→【地图裁剪】→【选中对象区域裁剪】指定 100m 海域裁剪 1 月海域表面温度栅格，得到 100m 海域表面温度栅格'Jan_100m'；②使用【分析】→【直方图】功能统计 1 月 100m 海域表面平均温度。

实验 7　果树种植区域选择

(1) 实验步骤：①对 DEM 进行年辐射分析，计算从 3 月 1 日至 9 月 30 日的辐射量。②对总辐射量结果进行重分级，可参考实验报告 (2) 中的表格进行分级，设置采样间隔为 5 天，区域纬度为 30°，其他为默认值。③对重分级的结果栅格和坡度栅格进行代数运算，筛选出坡度为 5°～30° 并且辐射量等级较大的区域。

(2) 太阳辐射与区域面积关系和坡度与区域面积关系见表 7.1 和表 7.2。

表 7.1　太阳辐射与区域面积关系

太阳总辐射值域	区域面积/m²
724110～1050000	355000
1050000～1250000	3289375
1250000～1450000	19388750
1450000～1650000	49096875
1650000～1809886	16463750

表 7.2　坡度与区域面积关系

坡度值域	区域面积/m²
5°～15°	8258125
15°～30°	31291875
30°～50°	47078125

(3) 15075625，1。使用功能：栅格转矢量面，统计分析求和。

实验 8 城市高层住宅选址规划

(1) 略。

(2) 楼层与采光率和通视关系见表 8.1。

表 8.1 楼层与采光率和通视关系

楼层	采光率/%	是否通视
3	约 75	不通视
9	约 80	部分通视
24	约 85	部分通视

实验 9 并行计算与 GPU 计算

(1) 参考前面的实验步骤。

(2) 根据计算机性能不同，其结果不同。

(3) 见思考题答案。

实验 10 道路事故分析与路径计算

(1) 经过生成并校准后，最终生成的路由对象共有 651 条。

(2) 发生交通事故的对象数共有 3605 个，在交通事故事件表中共有 39 条记录没有生成事故对象。

(3) 生成的对象记录数为 504 条，有 203 条记录存在错误。

(4) 宽度小于等于 30 的道路上所有的交通事故的记录数为 4860 条，在道路宽度小于等于 30 的道路中，与超速有关的交通事故共有 2081 起，在该路网上发生事故总数的百分比为 42.82%。

(5) 三家医院(急救站)由近到远依次为医院 B、医院 A 和急救站 C，具体耗费分别为 178.39、180.80 和 190.02。限制距离 200m 后再计算，得到的依然是这三家医院(急救站)。

(6) 从西三小学经朝阳公园到达湖光小区的总耗费为 2810.54m。添加障碍点后的耗费为 2886.22m。添加转向表后的耗费为 2916.81m。

(7) 全局平均最优的配送方案中共有三条配送线路，总耗费为 4323.04m，每条线路的耗费值分别为 1523.26m、1354.91m 和 1444.87m；总花费最小的配送方案中共有三条配送线路，总耗费为 3929.72m，每条线路的耗费值分别为 503.59m、926.24m 和 2499.89m。

(8) 这五家超市的覆盖范围分别为，超市 1 的服务区耗费为 4114.90m，面积为 234906.03m^2；超市 2 的服务区耗费为 7602.08m，面积为 316825.54m^2；超市 3 的服务区耗费为 5206.95m，面积为 437020.30m^2；超市 4 的服务区耗费为 9653.91m，面积为 521866.21m^2；超市 5 的服务区耗费为 987.02m，面积为 45718.47m^2。分析后多个服务区两两之间都没有交叠，所以没有区域被多个超市服务范围所覆盖。

实验 11　动物生境选择

（1）实验操作中得到的<BetterArea>区域是面积大于 10 万 m² 的区域，如果要求所有可能的生存区域向外扩大 500m，最后得到的区域中最大的面积约为 5302881m²，候选区域总面积约为 23725960m²，制作出候选区及其向外扩大的地图略。

（2）濒危生物受距离河流的影响见表 11.1。

表 11.1　濒危生物受距离河流的影响

距离河流/m	最大候选区域面积/m²	大于 10 万 m² 的区域个数
200	614700	5
300	880200	7
500	2049300	6
600	2345400	6

（3）高程因子计算：Con（[Ex11.dem] > 1500,Con（[Ex11.dem] > 1900,Con（[Ex11.dem] > 2300,0,0.8),1),0)。

坡度因子计算：Con([Ex11.SlopeTemp] > 5, Con([Ex11.SlopeTemp] > 15, Con([Ex11.SlopeTemp] > 25, Con（[Ex11.SlopeTemp] > 35, Con([Ex11.SlopeTemp] > 45,0,0.2),0.4),0.6),0.8),1)。

河流因子计算：Con（IsNull([Ex11.DistanceGrid_1]),0,1)。其中，DistanceGrid_1 为河流数据进行最大距离 500m 的距离栅格计算结果。

（4）a. 新建一个面数据集，数据集的投影坐标系设定为地理坐标系 WGS1984，绘制一个几何面对象，面对象的坐标为 Ex11/保护区范围.xls 中记录坐标。查看几何对象的<SmArea>字段值即为保护区面积，2375.96km²。

b. 选择保护区面对象进行缓冲区分析，缓冲半径设置为 2km，查看缓冲区结果面对象的面积，再减去原有保护区面积，即为新增的保护区面积，420.18km²。

c. 选择保护区面数据集，选择【工具】→【类型转换】→【面数据】→【点数据集】，将保护区面数据集转换为点数据集，得到的点数据集中点对象的坐标即为观测塔的坐标（125.50，44.33）。

d. 新建一个点数据集<MLocal>，设置数据集的投影坐标系与数据源<E4>的<道路>线数据集投影坐标系相同，再绘制一个点对象，点对象的坐标为管理中心位置（468696.021，4904644.220），将<MLocal>数据集打开新的地图窗口，并在【地图属性】中选择【动态投影】，再将观测塔点数据集添加到地图中，使用地图的【距离量算】功能测量观测塔到保护区管理中心的距离，约为 639158m。

实验 12　购房区位评估

（1）使用 SQL 查询筛选出道路，按照 50m、80m、100m 三个半径构建多重缓冲区，并设置权值；对大型绿地生成 500m 缓冲区，并设置权值；使用 SQL 查询筛选出所有医院，再生成 500m 缓冲区，并设置权值；使用叠加分析合并大型绿地和医院的缓冲区；将上步结果和道路缓冲区进行叠加分析，并将结果数据集的权值相加，获取权值最大的区域；使用距离计算功能找出最近医院并得到其空间距离。

(2) 参考思路：购房条件可以是小区房价均价、轨道交通的远近、购物超市的远近等。可以从房产交易网站获取价格信息、OpenStreetMap 获取到相应的地理空间数据等，再根据设定的相应条件制作地图。

(3) 不同候选区域面积见表 12.1。

表 12.1　不同候选区域面积

满足条件类别	面积/m²
只满足绿地	539780
只满足小学	793975
只满足超市	433421
同时满足绿地、小学和超市	1787924
只满足绿地和小学	1122704
只满足绿地和超市	460941
只满足小学和超市	1331581

实验 13　矿区成矿预测

(1) ①Cu、Pb 均不服从正态分布，需要做 Log 变换，Log 变换后服从正态分布，所以统计 Log 变换后的值。②Cu、Pb 均不存在异常值。Cu、Pb 数据统计见表 13.11。

表 13.11　Cu、Pb 数据统计

特征值	最小值	最大值	平均值	标准差
Cu	1.79	5.62	3.34	0.60
Pb	1.95	4.80	3.06	0.54

(2) 可用栅格直方图功能，也可用栅格统计的基本统计功能，Cu、Pb 元素插值后平均值见表 13.12。

表 13.12　Cu、Pb 元素插值后平均值

Cu、Pb 元素插值结果	平均值
Cu	33.19
Pb	31.56

(3) 权重参考表 13.10。

表达式：[岩性栅格]×0.201 + [缓冲区栅格]×0.094 + [铁染蚀变栅格]×0.210 + [羟基蚀变栅格]×0.195 + [Cu 栅格]×0.145 + [Pb 栅格]×0.155。

(4) 略。

实验 14　公园选址规划

(1) 关键步骤：平坦地区选择使用【栅格代数运算】功能，也可以使用【栅格重分级】功能，但【范围区间】注意选择左开右闭；Con([Ex14.SlopeResult] > 5, Con([Ex14.SlopeResult] > 15,

Con([Ex14.SlopeResult]>25, Con([Ex14.SlopeResult]>35, Con([Ex14.SlopeResult]>45,0,1),2),3),4),5)。

朝向选择过程需要使用【栅格代数运算】功能，【栅格重分级】功能无法满足要求；Con([Ex14.AspectResult]>–1, Con([Ex14.AspectResult] >= 90, Con([Ex14.AspectResult] > 270,0,3),0),3)。

高程选择也需要使用【栅格代数运算】功能；Con([Ex14.terrain] >= 1350, Con([Ex14.terrain] > 1700, Con([Ex14.terrain] >= 1800, Con([Ex14.terrain] > 2150,0,1),3),1),0)。

湖泊和道路需要综合使用【距离栅格】和【栅格重分级】功能；去除公园区域可以使用【地图裁剪】功能；筛选得分大于15的区域也需要使用【栅格代数运算】功能；Con([Ex14.Result_Clip] > 15,1,–9999)。

（2）根据练习题目要求，分析选取出各项得分之和大于 15 且面积大于 100hm^2 的区域数目是 3。

实验 15　洪涝灾害评估

（1）2009 年土地淹没面积统计见表 15.2。

表 15.2　2009 年土地淹没面积统计

洪水位/m	耕地/m^2	园地/m^2	林地/m^2	建设用地/m^2	水域及水利设施用地/m^2	其他/m^2
60	336320.96	647503.86	660053.90	71465.13	38717.69	179510.62
70	1554917.85	6761073.60	11275594.60	1427223.32	956352.82	1579597.11
80	2223996.02	12303011.17	30792856.26	3073308.73	1769429.58	2447218.26
100	3126250.00	21941540.31	82573497.36	5169045.23	2819112.93	3495104.48

（2）不同水位淹没范围和水量统计见表 15.3。

表 15.3　不同水位淹没范围和水量统计

洪水位/m	淹没范围/m^2	洪涝水量/m^3
60	1937925	3979800
70	23580675	128610675
80	52651125	517622175
100	119187000	2282357925

（3）操作步骤：①提取小于洪涝灾害水位的栅格值，通过栅格矢量化可以得到受洪涝灾害影响的区域。②根据得到的影响区域，通过与具体的土地数据、经济数据做叠加分析，得到各个区域受影响的部分，然后通过相关统计功能，对洪涝灾害的影响做预估。③在能测量出降水量或者洪水流速的情形下，计算一段时间内的水量，使用反算填挖方等方式可以计算洪涝的水位，再评估洪涝的影响。

（4）略。

Ⅱ 思 考 题

实验 1　土地类型分布特征统计

（1）使用 Sum 聚合算子，参考步骤如下：点击【数据】→【查询】→【SQL 查询】，弹出【SQL 查询】对话框；【参与查询的数据】选择 "LandUse" 数据；【查询模式】选择【查询属性信息】；光标定位到【查询字段】空白栏；【字段信息】窗口选择土地类型字段"LandUse.LU_ABV"；【常用函数】中选择【聚合函数】，下拉列表选择"Count"；【查询字段】栏添加了 Count()函数，并且光标在括号内等待输入求和的字段；【字段信息】窗口选择土地类型字段"LandUse.LU_ABV"；【查询字段】栏添加更新内容，此处为 Count(LandUse.LU_ABV) as Field_1，为了更准确地表达查询结果，将"Field_1"手动改写为"LandCount"，表示要统计土地类型的数目；【常用函数】中选择【聚合函数】，下拉列表选择"Sum"；【查询字段】栏又添加了 Sum()函数，并且光标在括号内等待输入求总和的字段；【字段信息】窗口选择土地面积字段"LandUse.AREA"；【查询字段】栏再次添加更新内容，此处为"Sum(LandUse.AREA) as Field_1"，为了更准确地表达查询结果，将"Field_1"手动改写为"LandArea"，表示要统计不同土地类型的总面积；光标定位到【分组字段】栏；【字段信息】窗口选择土地类型字段"LandUse.LU_ABV"，即按照土地类型分组；【结果显示】选择【浏览属性表】，并保存查询结果；点击【查询】，一张反映各种土地类型数目和面积总和的属性表就生成了。

(2)属性更新的更新算子使用的是包含，而叠加分析使用的是求交算子，由于包含的结果使得跨越不同土地类型的道路没有统计在内，所以不能很好地反映道路密度情况。相反，叠加分析算子则对跨越不同土地类型的道路进行打断分离，从而严格得到不同土地类型的所有道路线，能很好反映道路密度情况。

(3)统计不同地类间公共边的长度，首先，相同邻接的地类不能统计公共线部分，所以要进行【融合】操作。其次，相同的地类可能在空间上并不邻接，为了表达为同一类对象，并且能够在后续进行【提取公共线】，需要进行【组合】操作，所以不能简单地只【融合】或者【组合】。

(4)进行【提取公共线】之后，结果数据集的属性表部分生成了每条公共线关联的左右多边形，也就是关联的地类，如果某条线对象的左多边形或者右多边形被标记为 0，则说明该线不是公共线部分，统计这些线对象不同地类的长度即可。

实验 2　全球人口和资源分布特征分析

(1)不推荐使用裁剪算子，因为裁剪算子不支持设置结果字段，无法得到河流的归属国家，进而无法方便快捷的进行统计。虽然针对裁剪后的数据可以使用【属性更新】功能进行字段处理，但增加了操作的复杂性。

(2)叠加分析结果数据类型与源数据的类型一致。

(3)①裁剪算子。②合并算子。③求交算子和对称差算子。④更新算子。

实验 3　超市选址规划

(1)分析会失败。因为固定中心点是必须参与分析的，如果期望中心点数少于固定中心点数，就说明会有某些固定中心点不会进行分析，这样与固定中心点的定义相违背。

(2)是否从中心点开始分配决定了分析时的方向。如果从中心点开始分配，那么分析方向就是从中心点向外扩散的，而不从中心点开始分配，则是向中心点收缩的。如果在网络参数设置中正向阻力字段和反向阻力字段不同，或者弧段存在单向交通规则，那么结果会发生变化。

(3)无法进行"最少中心点模式"分析，因为网络数据集<Network1>不是全网连通的，所以会存在某些网络结点无法被覆盖到的情况。

实验 4　河流污染物分析

(1) 存在弊端, 当网络数据过大的时候, 网络数据集结点导出会非常耗时且空间占用大。在网络数据中找到源点和汇点, 只将源点和汇点导出为点数据集。

(2) 分析中应用的设施网络模型是有流向的, 且流向信息决定了各追踪分析的走向, 所以【追踪分析网络建模】是必不可少的。

(3)【上游追踪】与【下游追踪】的追踪方向是相反的, 上游追踪查找的是上游区域, 下游追踪查找的是下游区域。

(4) 要素类型为结点是从该点开始追踪, 要素类型为弧段是从弧段的端点开始追踪, 实现原理相同。当要素类型为弧段时, 分析结果的弧段集合中不含该弧段。当管道阀门、三通等类似于网络结点问题出现时, 适用于结点追踪; 当管道发生爆管、河道污染等类似问题出现时, 适用于弧段追踪。

(5) 共同上游: 逆着网络方向, 追踪所有分析要素可以共同到达的上游路径。共同下游: 顺着网络方向, 追踪所有分析要素可以共同到达的下游路径。连通分量: 追踪所有与分析要素相互连通的弧段。不连通分量: 追踪所有与分析要素不连通的弧段。多点连通环路: 追踪所有与分析要素连通的环路。

实验 5　旅游信息综合查询

(1) 首先, 在地图窗口选择查询对象。其次, 使用空间查询对话框添加被查询数据集。然后, 选择空间查询条件。最后, 编辑属性条件。

(2) 可以使用相交算子, 但被包含要求搜索对象的维度要小于等于被搜索对象。

(3) 交叉算子只适合线和面数据的空间关系判断, 相交算子适合所有的数据类型。

(4) ①缓冲区分析后进行包含查询。②交叉查询。③相交查询。④被包含查询。

(5) 略。

实验 6　海域表面温度插值与时空特征分析

(1) 由于地理空间要素之间存在着空间关联性, 即相互邻近的事物总是趋于同质, 也就是具有相同或者相似的特征, 基于这样的推理, 就可以利用已知地点的信息来间接获取与其相邻的其他地点的信息, 而空间插值分析就是基于这样的思想产生的, 也是空间插值重要的应用价值之一。

(2) 距离反比权值插值是通过计算附近区域离散点群的平均值来估算出单元格的值。这是一种简单有效的数据内插方法, 运算速度相对较快。距离反比权值法假设距离预测点越近的值, 对预测点的影响越大, 即预测某点的值时, 为其周围点所赋予的权值与距离预测点的距离成反比。

克吕金插值是地统计学上一种空间资料内插处理方法, 它以区域化变量(用空间分布表征自然现象的变量)理论为基础, 通过变异函数研究区域化变量的空间变化特征和强度, 从而在有限区域内对区域化变量进行无偏最优估计。区域化变量理论的核心思想是认为区域化变量存在自相关性, 并且变量的空间分布规律不随位移而改变。

径向基函数插值法是使用径向基函数进行曲面逼近的一种方法。径向基函数可以认为是一个用来模拟通过一系列样本点的曲面的数学表达式。径向基函数插值假设变化是平滑的, 它有两个特点: 表面必须精确通过所有采样点; 表面必须有最小曲率。径向基函数插值在利用大量采样点创建有视觉要求的平滑表面方面具有优势，但难以对误差进行估计，如样点存在测量误差或具有不确定性时，不适合使用径向基函数插值，这也是函数插值法普遍存在的缺点。

(3) 查找半径决定了参与运算点的查找范围，当计算某个位置的未知数值时，会以该位置为圆心，以设置的半径值为半径，落在这个范围内的采样点都将参与运算，即该位置的预测值由该范围内采样点的数值决定。如果设置为变长查找，同时指定查找参与运算点的范围，当查找范围内的点数小于指定的点数时赋为空值，当查找范围内的点数大于指定的点数时，则返回距离插值点最近的指定个数的点进行插值。

(4) 当查找方式为定长查找时，表示期望参与运算的最少样点数；当查找方式为变长查找时，表示期望参与运算的最多样点数。

(5) 两结果对比，会发现距离反比权值插值的结果受距离影响较大，相邻插值点之间栅格值会有凸起或凹陷；普通克吕金插值方法既考虑了观测的点和被估计点的位置关系，又考虑了各观测点之间的相对位置关系，插值结果更平滑，插值整体效果优于距离反比权值插值方法。

实验 7　果树种植区域选择

(1) 同一太阳时刻，不同纬度地区的太阳高度角不同，导致辐射量也会不同，因此对不包含纬度信息的数据需要用户自行指定纬度值。另外，纬度跨度较大的数据，如跨度超过了 1°的数据，建议拆分成多个跨度较小的区域再分别分析。

(2)【采样间隔】越大，分析结果越不精确，分析速度越快；【采样间隔】越小，分析结果越精确，分析速度越慢。因此，在进行时间跨度较大的太阳辐射分析时可选择稍大的采样间隔以提高分析速度。

(3)【大气透射率】较大时，直射辐射的比率高，而散射辐射比率小。

(4) 需要考虑季节因素并参考当地的气象数据，如雨季的大气透射率通常比旱季要低、四川盆地的大气透射率常年比华北平原要低。综合考虑这些因素，选取一个近似的平均值。

(5) 坡度分析过程涉及高程差与栅格分辨率相除的计算，当栅格分辨率的单位与高程差的单位不同时，除法没有意义，会得到错误的坡度值。而太阳辐射分析过程中包含坡度的计算，因此太阳辐射分析也要求这两项的单位一致。因此，当输入的 DEM 数据为地理经纬度坐标系时，需要根据所在的经纬度区域，设置一个高程缩放倍数，达到将米为单位的 DEM 高程信息和度为单位的 DEM 范围信息度量单位统一的目的。

实验 8　城市高层住宅选址规划

(1) 可以根据题目要求，只计算指定楼层而不是全部楼层的采光率，达到简化计算的目的。具体操作：通过修改数据集<ShadowRegion>中分别表示最小高度<MinAltitude>和最大高度<MaxAltitude>的两个属性值来实现。低楼层(1 楼)日照分析时，修改最小高度属性值为 0，最大高度属性值为 3；中间层(12 层)日照分析时，修改最小高度属性值为 33，最大高度属性值为 36；高楼层(25 层)日照分析时，修改最小高度属性值为 72，最大高度属性值为 75。

(2) 天际线分析需要设置观察位置、方位角、俯仰角等参数，因此不同的规划区域得到的天际线也不同。

(3)"第一人称相机"模式，通过在场景中缩放或平移，调整当前场景的视图，是以当前场景视图角度和范围进行天际线分析。"自定义三维点"模式，是在场景中拾取一个点作为提取天际线的观察点进行分析。二者视图角度和范围不同，"自定义三维点"在明确三维点具体位置的情况下其结果更具有参考价值。

(4) 完全可以。可视域分析是相对于某个观察点，基于一定的水平视角、垂直视角及指定范围半径，分析该区域内所有通视点的集合，分析结果更加全面。其缺点是当指定范围半径较大时，结果冗余度高，会有绝大部分结果不是人们所关心的。

(5) 日照分析：通过【三维空间分析】面板添加按钮 ╋ 在场景中绘制项目位置，通过导出按钮 ⤴，导出项目位置。生成限高体：三维面数据集选择日照分析导出的项目位置数据集。

实验 9　并行计算与 GPU 计算

(1) 使用【栅格代数运算】功能将伪洼地填充结果与原始 DEM 数据相减，可以得到伪洼地填充过程中变化的部分。叠加流向分析计算后可以发现，为了没有高低起伏变化的平面区域，该部分被填充，因此在流向计算时该区域具有大块区域流向值相同的特点。再叠加高程变化梯度数据可以发现，由于该区域高程值都相同，因此其高程变化梯度都为 0 值，即没有高程变化。

(2) 可以使用【栅格代数运算】功能完成，具体可以使用【栅格代数运算】中的条件函数，将符合条件(即大于指定阈值)的栅格值设置为 1，其他栅格值设置为 0。

(3) 汇水量阈值直接影响栅格水系的提取结果，设置的汇水量阈值越大，则说明提取时对河流水系的水量要求越高，会导致提取出的水系干流较多，但水系整体数目较少；反之，提取出的支流较多且水系数目较多。

(4) D8 算法是一种最大坡降单流向算法。该算法中，每个像元的水流只能流向八个周围像元中的一个，但不适合模拟在坡面上水流散漫流动的情况，其计算结果经常出现大量不合理的平行流现象。因此产生了多种多流向算法。

(5) 裁剪出的子区域进行填充伪洼地结果根据裁剪区域不同，可能与原栅格存在差异。因为伪洼地的判定是一个区域计算结果，当裁剪边界横跨原栅格的伪洼地区域时，进行洼地计算，此区域出现可以流出的计算结果，则不再进行洼地填充。

(6) 由于流向计算使用单流向算法，因此进行洼地填充的区域在进行流向分析时容易出现大量平行水流现象，与真实水流情况差别较大，是由 D8 单流向算法的局限性导致的。

(7)【计算流域盆地】结果是水系流经区域的划分和展现，其分析结果用不同数值对水系覆盖的不同区域进行赋值，同一水系覆盖的区域为同一数值，因此可以直观地划分出各水系归属的区域。

(8) 并行计算和 GPU 计算都是将空间分析的核心计算过程进行多线程的并行处理，从而实现性能的提升。但空间分析功能中还涉及其他如分析环境准备、参数计算、数据 IO 读写等过程，因此这些无法并行处理的子过程影响了算法并行度和运行时间。换言之，当可进行并行处理的核心计算占据整个分析时间较多时，并行效果会较好，反之则并行效果不明显。

实验 10　道路事故分析与路径计算

(1) 可以实现一样的校准效果：一个是在生成阶段就考虑参考点的路由值，另一个是生成路由数据集之后，再根据参考点进行路由计算和赋值过程。因此只是同一个子过程放在了两个功能中。

(2) 可以使用【关系管理】设置三者的关系绑定，此时事件表中的路由值信息变化时，相应的空间数据可以进行同步动态更新。

(3)如果需要限制分析结果不经过某条特定的线路,可以将这条线路的正向阻力字段和反向阻力字段都设置为一个小于 0 的值;或者在该线路上设置一个障碍点;或者使用交通规则将其设置为禁行弧段;或者设置转向信息,使所有弧段都没有办法到达该弧段。

(4)如果是最佳路径分析,则分析会失败。因为最佳路径需要经过各个分析点,如果有一个点到达不了,整个分析都不会成功。

(5)分析失败由很多因素导致。例如,障碍点将分析点包围,使其无法进行扩散;分析点不在同一个网络中;分析点设置到了禁行弧段上;分析点所在弧段无法被转向到等。

(6)每一个服务区域中没有被别的服务区所覆盖,线路上也是只会被一个服务区所独占,不会与别的服务区共享,而普通服务区会共享服务区域。

(7)是否从服务区开始分析表示的是分析的方向,从服务区开始分析表示的是从服务中心点向外进行扩散,而不从服务区开始分析表示的是向服务中心点收缩。这一点可以从分析结果弧段的方向看出来。如果正向阻力字段和反向阻力字段不相同或者存在单行线路,分析结果线路也可能会不一样。

实验 11　动物生境选择

(1)在对一个数据集进行处理时,可以使用【栅格重分级】功能代替【栅格代数运算】,但同时处理多个数据集时,【栅格重分级】无法支持,而且在使用【栅格重分级】时,尤其得注意范围区间中的"左闭右开"和"左开右闭"情况,即无法进行左右均为开区间或闭区间的计算。

(2)可以先将河流数据集矢量化,然后进行缓冲区分析,使用缓冲区分析得到的结果进行矢量栅格化,由于涉及栅格和矢量数据模型的多次转换,因此考虑计算精度和复杂度,还是直接使用距离栅格功能更为合适。

(3)栅格数据中的"无值"是一种较为特殊的栅格像元,无值原因可能是数据缺失,也可能是此区域不需要用一个有效的栅格值来表达。一般的栅格分析过程中都会自动忽略无值像元的分析,在进行栅格代数运算时,可以根据需要选择是否忽略"无值",也可以根据运算表达式将结果像元写入无值。

实验 12　购房区位评估

(1)新建一个线数据集,建立一个"distance"双精度字段,然后将一级道路数据集追加到数据集,同时设定"distance"字段的值为 200m,追加二级道路数据集到新建立的数据集中,选择"distance"为空的所有记录,设定字段值为 100m,再通过指定字段的方式生成缓冲区,并合并缓冲区对象,这样,可以一次性处理两个数据集的影响区域。

(2)使用【地图裁剪】功能,通过指定【区域】作为裁剪对象,同样可以得到远离区域内和候选区域的所有对象。但是使用【地图裁剪】功能,在数据量比较大的情形下,性能没有叠加分析高效。

(3)不使用拓扑构面和属性更新的方式,使用叠加分析同一算子功能,也可以更新各个行政区域之间相互叠加的影响区域,但是,这种方式需要进行两两运算才行。例如,超市影响区域和绿地影响区域,一级超市影响区域和小学影响区域都需要进行同一算子。所以,通过叠加分析虽然可以达到最终的目的,但是过程比较烦琐。

(4)拓扑处理可以将错误的空间关系数据处理成具有正确的空间关系数据,进行拓扑构面时，往往要求数据具有正确的拓扑关系，如不能含有重复线段、不能存在小于容限的碎线、线段相交处必须打断等，所以，如果数据质量不好，在进行拓扑构面之前最好进行拓扑处理，这样得到的面对象一般不会有空间拓扑错误。

(5)进行拓扑处理和数据预处理时，往往都需要用户指定一个合适的容限，这个容限一是可以用于处理计算机计算浮点数带来的精度误差；二是处理数据质量不高的情形。例如，有两条线对象，在生产数据时，数据制作人员认为这两条线是相互接触的，但误差问题可能导致这两条线在端点位置相差 0.0000001，这时候，如果指定一个合适的容限，就可以将这种误差问题纠正过来，以提高数据精度。所以在设定容限时，也需要根据数据精度来设定，如果认为数据精度足够高，可以适当设置较小的容限，如果数据精度较差，则需要设定一个较大的容限，容限的最小值是 $1×10^{-10}$。

(6)使用面数据集的融合功能，根据缓冲半径作为融合字段，也可以达到合并缓冲区的目的，但是合并缓冲区功能相比数据集融合功能性能更高。

实验 13　矿区成矿预测

(1)本试验中获取栅格数据的平均值使用的是栅格直方图功能，还可以通过栅格统计的基本统计功能来获取栅格数据的平均值。

(2)可以用单重缓冲区实现，对控矿断裂数据分别做半径为 250m、500m、750m 的合并缓冲区分析，得到缓冲区 buffer1、buffer2、buffer3，对数据 buffer1 和 buffer2 做矢量叠加分析的合并分析得到 buffer12，再对数据 buffer12 和数据 buffer3 做矢量叠加分析的合并分析得到 buffer123，buffer123 即为所求的控矿断裂缓冲区。

(3)矢量转栅格时，该字段为矢量数据集中的一个字段，结果栅格数据集的栅格值从该字段获得。不建议使用系统字段，因为系统会先根据有效区域对矢量数据进行裁减，之后再转为栅格，由于裁减后系统字段的值可能发生变化，从而导致结果栅格的值与原矢量数据系统字段的值不一致。如果必须使用系统字段的值，可以考虑将该字段的值拷贝到新的字段中。

(4)双击打开裁减数据，框选裁减数据的所有对象，再将被裁减数据集添加到该图层，然后使用地图指定区域裁剪即可。

(5)可以使用自定义区域，因为自定义区域只能选择一个面对象，需要对岩石地层信息数据做融合分析，融合字段选择"SmUserID"，得到融合后面数据"Dissolve"，双击打开面数据"Dissolve"，然后使用【生成泰森多边形】功能，勾选结果数据的自定义区域，然后点击【选择面】，并选择面数据"Dissolve"，点击【确定】即可生成采样点的控制范围。

实验 14　公园选址规划

(1)【栅格重分级】适合于连续规律段数的值域重设置，而题目中的坡向数据权重值的设置涉及[90,270]这样的左右均为闭区间和值为–1 的边界情况，因此更适合使用代数运算表达式进行处理。

(2)坡向是指坡面的朝向，它表示地形表面某处最陡的下坡方向。坡向反映了斜坡所面对的方向，任意斜坡的倾斜方向可取 0°～360°中的任意方向，所以坡向计算的结果范围为 0°～360°。从正北方向(0°)开始顺时针计算，值为–1 时表示此区域为平坦地区，或者称为平坡地区。

(3)单纯从选址模型公式分析，可能存在两个隐患。首先没有单独讨论值为–1 的情况，即在表达式中默认坡向数据中小于 0 的区域值均为–1。其次没有约束最大值区间为 360°，即表达式默认大于270°的坡向值都在360°区间内。由于坡向分析算法取值只能为0°~360°，或者−1，因此表达式可以不用对这两种情况做特殊处理。

(4) 高程数据选址得分计算过程由于涉及左右均为开区间和闭区间的情况，因此较适合使用代数运算表达式进行处理，其实现是一个con条件表达式的嵌套组合，实质是对于不同高程值的一个分段讨论过程。

(5) 因为在进行规划时选址区域不能为湖泊内，但选址模型使得湖泊内区域的代数运算结果为1即适宜规划，因此需要去除该区域。可以使用【栅格代数运算】功能实现相同效果，即得到湖泊的距离栅格分析结果后，修改代数运算表达式，将湖泊距离栅格数据中距离为0的区域直接赋值为无值，即可以得到和裁剪一样的处理效果。

(6) 由于该选址模型为多因子叠加统计效果，因此需要通过设置相同的地理范围和分辨率来保证后面的多因子叠加效果和合理性、准确性。

(7) 矢量数据的缓冲区分析也是一种计算影响距离的常用功能，在练习题目中也可以通过构建多重缓冲区，再进行矢量数据栅格化的方法进行选址表达。

实验 15　洪涝灾害评估

(1) 略。

(2) 可以基于矢量模型进行统计，即将<dem>数据集通过【栅格矢量化】转化为面数据集，提取所有栅格值小于等于60m的面对象，且将栅格值存储在value字段中，新建一个字段value2，并更新value2的值为60-value，再新建一个字段volume，并更新volume的值为value2×15，15是栅格数据集的分辨率，这样统计所有的volume字段值的和就是总的洪涝水量。

(3) 使用面数据集融合功能的组合算子，可以达到相同的效果。

(4) 对象的组合只是将相同类型的对象组合成一个复杂对象，这个复杂对象进行分解后能得到组合前的所有对象。对象的合并会对空间位置上有相交关系的对象进行布尔运算，生成后得到简单对象或者复杂对象，但是复杂对象的子对象间没有相交关系，对象分解后也无法再得到合并前的对象。

(5) 当洪水水位为60m时，60m的位置处于临界状态，应该算没有被淹没。如果条件是小于等于60m，则表示60m位置被淹没，会导致后续统计时面积和体积结果变大。

(6) 通过【反算填挖方】功能，当已知洪水水量时，可以计算出洪水水位。

主要参考文献

刘湘南, 黄方, 王平. 2008. GIS 空间分析原理与方法(第 2 版). 北京: 科学出版社.

宋小冬, 钮心毅. 2004. 地理信息系统实习教程. 北京: 科学出版社.

汤国安, 杨昕, 等. 2012. ArcGIS 地理信息系统空间分析实验教程(第 2 版). 北京: 科学出版社.

吴秀芹, 张洪岩, 李瑞改, 等. 2007. ArcGIS 9 地理信息系统应用与实践. 北京: 清华大学出版社.

朱长青, 史文中. 2006. 空间分析建模与原理. 北京: 科学出版社.

Chang Kang-tsung. 2014. 地理信息系统导论(第 7 版). 陈健飞和连莲译. 北京: 电子工业出版社.

SuperMap 图书编委会. 2012. SuperMap Deskpro. NET 插件式开发. 北京: 清华大学出版社.

SuperMap 图书编委会. 2011. SuperMap Objects 组件式开发. 北京: 清华大学出版社.

附　　录

附录 1　SuperMap GIS 概览

SuperMap GIS 是超图软件的云端一体化 GIS 平台软件，基于跨平台技术、二三维一体化技术、云端一体化技术，体系如附图 1 所示，提供功能强大的云 GIS 门户平台、云 GIS 应用服务器与云 GIS 分发服务器，以及丰富的移动端、Web 端、PC 端 GIS 产品。可以帮助各行各业的 GIS 使用者构建互联互享、安全稳定、灵活可靠的 GIS 应用系统。

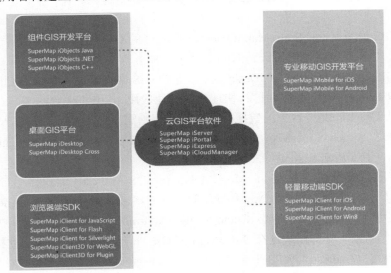

附图 1　SuperMap GIS 产品体系

1　SuperMap GIS 软件组织关系

SuperMap GIS 产品体系包括 GIS 云和 GIS 端两大部分，即 GIS 云平台软件、移动端、Web 端与 PC 端 GIS 软件。基于 SuperMap GIS 提供的 iPortal、iServer、iExpress、iCloudManager 云 GIS 平台软件，可以方便地构建功能强大、跨平台的云 GIS 服务应用。基于 SuperMap GIS 提供的 iMobile、iClient、iObjects、iDesktop 等多种类型端 GIS 产品，可以构建多种跨平台的客户端以对接云 GIS 服务平台、超图云服务等 Web 服务。

1.1　搭建 GIS 云或 GIS 服务器系统所需产品

搭建 GIS 云或 GIS 服务器系统需要 SuperMap GIS 的四类产品，它们分别是：

（1）云 GIS 门户平台：SuperMap iPortal。支持对各种 GIS 资源进行整合、分享、发现和管理，提供在线制图、门户定制等功能及完整的 REST（representational state transfer，REST）API。作为访问组织内部 GIS 资源的入口，可以降低用户查找、使用和管理 GIS 资源的成本。

（2）云 GIS 应用服务器：SuperMap iServer。基于高性能 GIS 内核与云计算技术，具有二三维一体化的服务发布、管理与聚合功能。提供多种移动端、Web 端、PC 端等开发包（SDK），可用于构建 Web 应用系统和 GIS 私有云系统。

（3）云 GIS 分发服务器：SuperMap iExpress。可作为 GIS 云和端的中介，通过服务代理与缓存加速技术，有效提升云 GIS 的终端访问体验，并提供全类型地图缓存瓦片本地发布与多节点更新推送能力，可用于快速构建跨平台、低成本、轻量级的 WebGIS 应用系统。

（4）云 GIS 管理软件：SuperMap iCloudManager。可作为云 GIS 环境的搭建、部署和管理软件，为云 GIS 的资源申请与运维管理提供一站式解决方案。

1.2　SuperMap GIS 的 GIS 端平台软件

SuperMap GIS 的 GIS 端平台软件涵盖了 PC 端、Web 端、移动端等各种产品，可连接到云 GIS 平台及超图公有云平台（www.supermapol.com），提供地图制作、业务定制、终端展示、数据更新等。

（1）组件 GIS 开发平台：SuperMap iObjects。全功能的 GIS 应用二次开发平台，用于构建 GIS 单机系统、C/S 系统，提供 Java、.NET、C++三种语言的开发支持。

（2）桌面 GIS 平台：SuperMap iDesktop。专业的 GIS 数据处理、分析、制图平台，并支持.NET 环境和 Java 环境下的扩展开发，快速定制行业应用。其中跨平台的 SuperMap iDesktop Cross 产品可以支持 Linux 平台下的数据处理和制图应用需求。

（3）浏览器端 SDK：SuperMap iClient。涵盖 JavaScript、Flash、Silverlight 等多种常见 Web 开发语言，并在 Web 端提供二三维一体化能力。

（4）专业移动 GIS 开发平台：SuperMap iMobile for iOS/Android。专业移动 GIS 开发平台，提供二三维一体化的采集、编辑、分析和导航等专业 GIS 功能，支持 iOS、Android 平台。

（5）轻量移动端 SDK：SuperMap iClient for iOS/Android/ WP8。轻量级、开发快捷、免费的 GIS 移动端开发包，支持在线连接 SuperMap 云 GIS 平台及超图云服务，支持离线地图缓存瓦片，支持 iOS、Android、WP8 平台。

2　SuperMap GIS 软件特点

SuperMap GIS 产品家族较为庞大，不同的 GIS 软件产品具有不同的技术特点，这些技术特点可以协助用户通过集约化计算和服务，实现云计算的核心价值。其中关键技术特点可以概括为以下四个方面：

（1）并行计算。并行计算可充分利用多核和多机资源，提高系统性能。SuperMap GIS 的分布式切图解决了传统地图缓存瓦片生成耗时长、不稳定的问题；SupeMap GIS 的全功能多线程并行计算技术，利用计算机多核资源，大大提升了 GIS 分析和处理的性能。

（2）智能集群。集群技术可通过整合多台机器的资源，提高系统并发数和性能。SuperMap GIS 的智能集群具有自动伸缩、自动部署、自动同步、自动容错等特性，降低了 GIS 集群的搭建难度和运维成本，实现了计算资源的节约。

（3）跨平台。与 Windows 平台相比，Linux 平台具有高安全、高性能、高可用等特点。SuperMap GIS 基于跨平台技术体系的云 GIS 平台，支持 Ubuntu、Red Hat、SUSE、CentOS 和国产中标麒麟等多种主流 Linux 系统，以及基于 ARM 架构的国产飞腾系统，为高端用户和大规模计算用户提供个性化的 GIS 平台支撑。

（4）64 位计算。相比 32 位计算，64 位计算可充分利用内存资源，节约计算时间。SuperMap GIS 全面支持 64 位计算，在大规模地理数据处理与计算场景中对各种核心 API（application programming interface，应用程序编程接口）进行了专门优化和重构，使整体计算性能得到了有效提升。

附录 2　数据组织结构

SuperMap GIS 的数据组织结构主要包括工作空间、数据源、数据集、地图、场景、布局、资源等。SuperMap GIS 的数据组织形式类似树状层次结构，这种结构可以通过应用程序界面上的工作空间管理器表现，如附图 2 所示。用户的一个工作环境对应一个工作空间，一个工作空间包含唯一的数据源集合、地图集合、布局集合、场景集合和资源集合，SuperMap GIS 数据组织结构如附图 3 所示。

（1）数据源集合：组织和管理工作空间中的所有数据源，数据源是由各种类型的数据集（如点、线、面、栅格/影像等类型数据）组成的集合。一个数据源可包含一个或多个类型的数据集，也可以同时存储矢量数据集和栅格数据集。

（2）地图集合：用来管理存储在工作空间中的地图数据，用户在工作空间中显示和制作的地图都可以保存在工作空间中，便于下次打开工作空间时浏览地图。

（3）布局集合：用来管理工作空间的布局数据，布局主要用于对地图进行排版打印。

（4）场景集合：用来管理存储在工作空间中的场景数据，用户在工作空间中显示和制作的场景都可以保存在工作空间中。

（5）资源集合：即符号库集合，用来管理工作空间中的地图和场景中所使用的符号库资源，包括点符号库、线符号库和填充符号库。

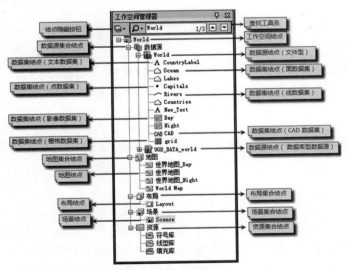

附图 2　工作空间管理器

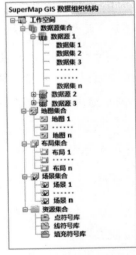

附图 3　数据组织结构

1　工作空间

工作空间管理的是用户的工作环境，用于保存用户的工作环境和工作过程中操作和处理的所有数据，包括数据源、地图、布局、场景和资源等内容。工作空间可以保存为二进制格式和

XML 的文件格式。SuperMap GIS 还可以把工作空间存放到数据库中，方便多人共享使用。

（1）数据源：工作空间中存放了每个数据源相对于工作空间文件的相对路径、数据源别名、数据源打开方式等信息。

（2）地图：地图主要存放相关数据集叠加显示而形成的图层。工作空间中存储了地图中每个图层对应的数据源和数据集、显示风格、显示比例及图层的状态信息（显示、选择、编辑、捕捉等）。

（3）布局：工作空间中的布局存储的是布局中的地图对象对应的地图名、各个制图要素对象的位置和大小，以及相互关系（叠放的层次、是否成组、比例尺与地图间的对应关系等）。

（4）场景：工作空间中的场景主要存放保存的三维地图窗口。

（5）资源：工作空间中的资源存放了系统中打开和制作的符号库、线型库和填充库。

2　数据源

数据源用于存储空间数据。数据源是独立于工作空间存储的，删除工作空间本身，工作空间中的数据源不会随之删除和变化。一个工作空间可以包含不同类型的数据源，通常一个数据源中组织一类用途的空间数据，从而便于数据的归类和使用。

SuperMap 系列产品的数据源可以存储在文件和数据库中，数据源的类型可以具体分为三大类：文件型数据源、数据库型数据源和 Web 数据源。

2.1　文件型数据源

文件型数据源也叫 UDB 数据源，存储于扩展名为*.udb/*.udd 的文件中。*.udb 文件主要存储空间数据的空间几何信息，*.udd 文件存储属性信息。一个数据源文件只对应一个数据源。UDB 数据源是一个跨平台、支持海量数据高效存取的文件型数据源，可以存储的数据上限达到 128TB。

2.2　数据库型数据源

数据库型数据源存储于数据库中，如 Oracle、SQL Server、MySQL、MongoDB 等。对应数据库型数据源，其空间数据的空间几何信息和属性信息都存储在数据库中。

2.3　Web 数据源

Web 数据源存储于网络的某个服务器上，使用该类型的数据源时，通过 URL 地址来获取相应的数据源。

3　数据集

数据集是空间数据的基本组织单位。数据集是对现实世界的抽象，即将现实世界中的地理事物抽象为计算机世界可以处理的各种图形对象，现实世界中的点状事物就抽象为点几何对象，线状事物就抽象为线几何对象，面状事物就抽象为面几何对象。为了便于数据的统一管理，将同类事物存储在一类数据集中。例如，点数据集就只能存储点几何对象，线数据集就只能存储线几何对象，面数据集就只能存储面几何对象。

SuperMap GIS 的数据集类型包括：点数据集、线数据集、面数据集、纯属性数据集、网络数据集、复合数据集、文本数据集、路由数据集、影像数据集、栅格数据集、模型数据集等。

3.1　矢量数据集与栅格数据集

根据数据结构的不同，可将数据集分为矢量数据集和栅格数据集两类。点、线、面、文本和三维矢量数据集及纯属性数据集等类型属于矢量数据集。栅格数据集用于存储图片或影像类的数据。

3.2　复合数据集

复合数据集(CAD 数据集)用来存储和管理类似于 CAD 结构的数据，或者用于组织 CAD 用途的空间数据。复合数据集可以由不同类型的对象构成，复合数据集可以同时存储点、线、面、文本、模型等对象。此外，复合数据集中的所有对象都可以存储风格。

3.3　网络数据集

网络数据集可以对网状空间数据之间的空间拓扑关系进行构建、存储和维护。网络数据集和简单的点数据集、线数据集不同，它既包含了网络线对象，也包含了网络结点对象，还包含了两种对象之间的空间拓扑关系。网络数据集的结点对象存储于其子数据集中。当对网络数据集进行编辑时，SuperMap 会自动维护其拓扑关系。网络数据集可以进行路径分析、连通性分析、设施网络分析等多种网络分析。

3.4　纯属性数据集

纯属性表的矢量数据集由 DBF、Access 等文件转换而来，其最大的特点是没有空间图形数据。这种属性数据集可以和其他矢量数据集进行数据连接、追加等操作。

4　地图

将数据集添加到地图窗口中，被赋予了显示属性，就成为图层。一个或多个图层按照某种顺序叠放在一块，显示在一个地图窗口中，就组成了地图(附图 4)。在地图中，对相应数据集中的对象进行空间编辑，刷新地图会发现地图中的对象也被重新更新，实际上，地图中并没有存储数据集，对图层的编辑实质是对图层关联的数据集中数据的编辑。

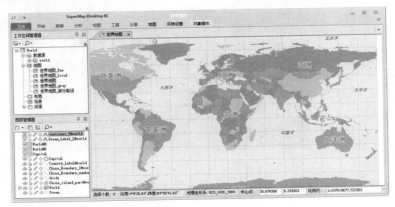

附图 4　世界地图

5　布局

布局主要用于对地图进行排版打印，是地图、图例、地图比例尺、指北针、文本等各种不同元素的混合排版与布置。布局窗口提供了进行布局可视化编辑的场所，一个布局窗口对应一个布局(附图 5)。

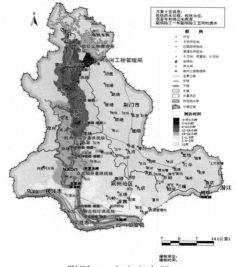

附图 5　自定义布局

6　场景

　　场景可以细分为球面场景和平面场景，是对三维数据的可视化直观表达(附图 6)。其中，球面场景是以抽象的模拟地球来表达真实的地球环境，并将现实世界抽象出来的地理事物在球体上进行展示，从而更直观形象地反映现实地理事物的实际空间位置和相互关系。用户可以将二维或三维数据直接加载到三维场景上进行浏览，制作专题图。除此之外，球面场景还模拟了地球所处的环境，包括宇宙的星空、地球的大气环境等。

附图 6　三维场景

7　资源

　　资源主要管理工作空间中的地图所使用的符号库资源，包括符号库、线型库和填充库。使用点符号库(附图 7)设置图层中点的风格，包括符号类型、大小、颜色等；使用线符号库设置图层中线的风格，包括线型、线宽、线的颜色等；使用填充符号库设置图层中面对象的填充风格。

附图 7　点符号库

附录 3　数据转换处理与查询

1　格式转换

SuperMap 支持各种主流地理空间数据格式的导入导出，还提供了不同数据格式之间的相互转换。由于篇幅所限，仅列出部分 SuperMap GIS 支持的数据格式，如附表 1 所示。

附表 1　SuperMap GIS 支持的数据格式（部分）

支持导入的文件格式	文件说明	支持导入为数据集类型	是否支持导出
支持导入的矢量文件格式（部分）			
AutoCAD Drawing 文件(*.dwg)	是 AutoCAD 的图形文件，用于保存矢量图形的标准文件格式，是一种基于矢量的二进制文件格式	CAD 复合数据集、简单数据集	是
ArcGIS Shape 文件(*.shp)	是 ArcGIS 软件特有的数据格式，用于存储地理要素的空间和属性信息，是常用的一种矢量数据格式	简单数据集	是
MapInfo 交换格式(*.mif)	是 MapInfo 用来对外交换数据的一种中间交换文件，保存了 MapInfo 的表结构及对象的空间信息，包括了对象的符号样式、填充模式等风格信息	CAD 复合数据集、简单数据集	是
S-57 海图数据文件(*.000)	符合 S-57 标准海图数据，需要海图模块许可才可导入	海图数据集分组	是
支持导入的栅格文件格式（部分）			
ArcInfo Grid 文件(*.grd；*.txt)	grd 格式数据为网格数据，是 ArcInfo Grid 的一种栅格数据存储格式，分块存储着像元的空间位置和像元值信息	栅格数据集	是
Erdas Image 文件(*.img)	是 Erdas 平台下用于遥感分析的常见文件格式，可存储影像、栅格、DEM 等多种数据	影像数据集、栅格数据集	是
TIFF 影像数据(*.tif；*.tiff)	TIFF (Tagged Image File Format)标签图像文件格式，是常见的高位彩色图像格式，GeoTIFF 是一种包含地理信息的 TIFF 文件格式，其信息编码在 TIFF 文件预留的 Tag(标签)之中	影像数据集、栅格数据集	是
USGDEM 和 GBDEM 栅格文件(*.dem)	是空间数据的交换格式，导入为栅格数据	栅格数据集	否

支持导入的文件格式	文件说明	支持导入为数据集类型	是否支持导出
支持导入的模型文件格式(部分)			
3DS 三维模型文件(*.3ds)	三维模型数据，可导入为模型数据集	CAD 复合数据集、模型数据集	是
DirectX 的三维模型文件(*.x)	三维模型数据，可导入为模型数据集	CAD 复合数据集、模型数据集	是
倾斜摄影 OSGB 文件(*.osgb)	倾斜摄影模型数据，可导入为模型数据集	CAD 复合数据集、模型数据集	否

2　数据处理

2.1　数据融合

数据融合是将一个线或面数据集中符合一定条件的对象融合成一个对象。该功能的适用对象为二维线数据集、二维面数据集、三维线数据集。数据融合时需要遵循如下条件：数据对象间某字段值相同；线对象需端点重合才可以进行融合；面对象必须相交或相邻(具有公共边)。融合字段值相同的情况下，有三条(或以上)线段的端点重合于一点时，系统将不进行融合。数据集融合功能中包含融合、组合、融合后组合三种处理方式。

2.2　数据集光滑处理

数据集光滑处理用于对线数据集、面数据集和网络数据集进行边界光滑处理，即通过增加节点的方式使数据展现更为细腻美观。

2.3　数据集属性更新

数据集属性更新是根据空间对象的相互位置关系更新对象属性信息的功能。SuperMap提供了包含、被包含、相交等几种常用的空间位置关系，并且支持两种更新操作方式，包括按照数据集查询条件进行更新和按照地图窗口选中要素进行更新。

2.4　数据集重采样

数据集重采样主要针对地理空间对象节点过于密集、数据冗余的情况，重新采样节点坐标数据，达到简化数据的效果。SuperMap 提供了两种重采样的方法，分别是"光栏采样算法"和"道格拉斯采样算法"。

2.5　碎多边形合并

碎多边形合并是将面积较小的多边形合并到大面积的多边形上，经常用于对细碎多边形的合并简化处理操作。

3　数据查询

3.1　SQL 查询

SuperMap 中提供了对地理空间数据的 SQL 查询支持。选择【数据】菜单栏中【查询】，点击【SQL 查询】按钮，弹出【SQL 查询】对话框。使用者需要在【SQL 查询】对话框中构建 SQL 查询表达式，此 SQL 语句与计算机标准 SQL 查询语句一致。

　　参与查询的数据：列出了所有支持 SQL 查询的数据信息，SQL 查询支持查询的数据类型有：点、线、面、文本、CAD、纯属性表、三维点、三维线、三维面、网络、路由、复合线、复合面数据集。字段信息：列出了数据集中所有字段信息和关联设置字段选项，点击字段名即选中。查询模式有两种：查询空间、属性信息和查询属性信息。前者的查询结果要保留空间和属性信息，而后者只保留属性信息；若不保存查询结果，后者的查询速度会快一些。

　　运算符号：提供用于构造 SQL 查询条件的运算符号，如">""<""+""and""in"等。

　　常用函数：提供用于构造 SQL 查询条件的常用函数，包括聚合函数、数学函数、字符函数、日期函数。查询字段：查询条件表达式。将光标定位到查询条件后的文本框中，可以直接输入，也可以从字段信息、运算符号和常用函数下拉列表框中选择相关信息来构造查询条件表达式。分组字段：将查询结果中的记录按指定字段来分组。分组字段必须是查询字段之一。同时，聚合函数也是对同一组内的数据进行统计计算的。将光标定位到分组字段后的文本框中，可从字段信息列表中选择字段。

　　排序字段：查询结果属性表将根据该字段的指定顺序排列记录，可依据多个不同字段进行升序或降序排列。当指定多个排序字段时，系统首先按第一个字段对记录排序，当第一个字段有相同值的记录时，就按其第二个字段的值进行排序，依此类推，最后得到按照这个顺序排列的查询结果。

3.2　空间查询

　　空间查询是通过几何对象之间的空间位置关系来构建过滤条件的一种查询方式。相对于完全由属性过滤条件构建的 SQL 查询，基于空间位置关系同时可以应用属性过滤条件的称为空间查询。SuperMap 提供了 8 种空间查询算子，包括同一(identity)、穿越(cross)、覆盖(overlap)、相离(disjoint)、接触(touch)、相交(intersect)、包含(contain)、被包含(within)，囊括了开放地理空间联盟(open geospatial consortium, OGC)标准规定的空间查询算子。

附录4　基本操作

1　打开数据源

　　(1)启动 SuperMap iDesktop 应用程序。

　　(2)单击【开始】选项卡中【数据源】组的【文件型】下拉按钮，在弹出的下拉菜单中点击【打开文件型】，弹出【打开数据源】对话框(附图 8)。

　　(3)在【打开数据源】对话框中，选择要打开的数据源文件"Ex2.udb"，单击【打开】按钮(附图 9)。

附图 8　打开文件型菜单

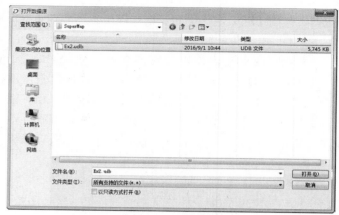

附图 9　打开数据源对话框

附图 10　工作空间管理器

（4）成功打开数据源后，【工作空间管理器】中的数据源集合结点下将增加一个数据源结点，该结点对应刚刚打开的数据源，同时，数据源结点下也增加一系列子结点，每一个子结点对应数据源中的一个数据集（附图 10）。

2　打开数据集

在【工作空间管理器】中，双击打开"World"数据集，数据集会以默认风格在地图窗口中显示（附图 11）。

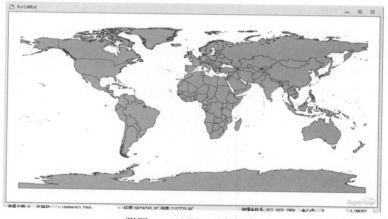

附图 11　地图显示数据集

3　查看属性

（1）查看数据源属性信息。在【工作空间管理器】中，鼠标右键单击"Ex2"数据源结点，在弹出的右键菜单中，选择【属性】命令，即可弹出【属性】对话框。数据源的【属性】对话框中，包含了数据源的连接路径、引擎类型、打开方式、描述、统计信息、投影信息等内容（附图 12）。

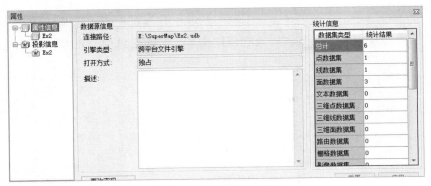

附图 12　数据源属性信息

(2)查看数据集属性信息。在【工作空间管理器】中，鼠标右键单击"World"数据集结点，在弹出的右键菜单中，选择【属性】命令，即可弹出【属性】对话框。数据集的【属性】对话框中，包含了数据集名称、数据集类型、数据集范围、对象个数、投影信息、属性表结构等内容(附图 13)。

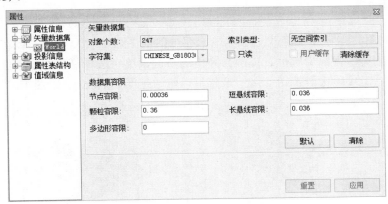

附图 13　数据集属性信息

(3)查看几何对象属性信息。鼠标单击选中地图窗口中需要查看属性的几何对象。在选中对象的基础上，单击鼠标右键，弹出右键菜单(附图 14)。

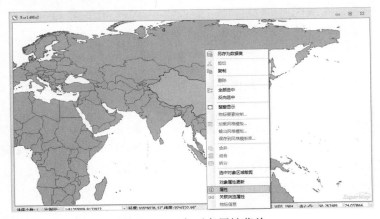

附图 14　几何对象属性菜单

在弹出的右键菜单中，单击【属性】命令，弹出几何对象的【属性】对话框。几何对象的【属性】对话框中，包含了几何对象的属性信息、空间信息和节点信息(附图 15)。

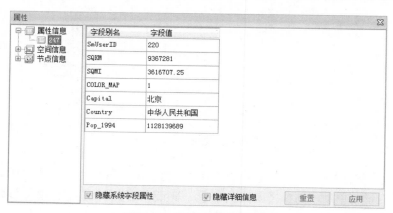

附图 15　几何对象属性信息

4　设置地图风格

(1)修改地图名称。当要修改一个从未保存过的地图名称时，必须先保存该地图到工作空间中。在地图窗口中点击鼠标右键，在弹出的右键菜单中选择【保存地图】，在【保存地图】对话框中点击【确定】按钮，接下来就可以修改地图的名称了(附图 16)。

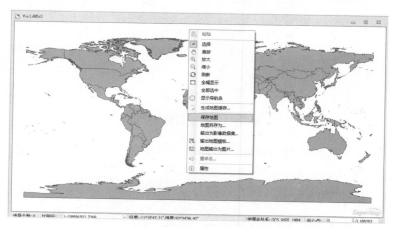

附图 16　保存地图菜单

在【工作空间管理器】的地图数据集结点处，单击鼠标右键，选择【重命名】选项，即可修改地图名称为"World"。

(2)修改面填充颜色。鼠标右键单击【图层管理器】中的"World@Ex2"地图，选中【图层风格】菜单，可以在【填充符号选择器】中设置填充风格和填充颜色(附图 17)。

(3)修改线颜色。同时，可以选中【填充符号选择器】中的【线型选择】，在【线型符号选择器】中修改线型和线风格(附图 18)。

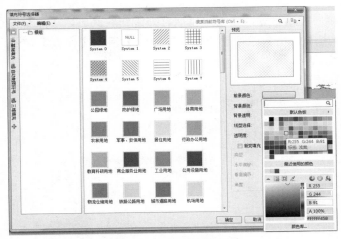

附图 17　修改面符号风格

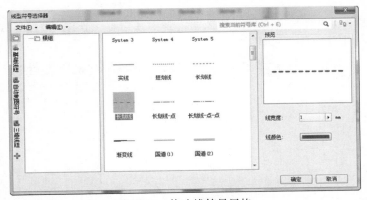

附图 18　修改线符号风格

修改面符号和线符号显示风格后的地图如附图 19 所示。

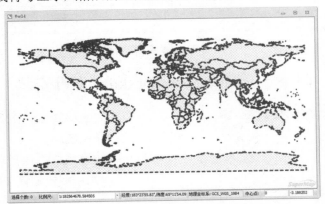

附图 19　修改后地图

(4) 保存地图。在地图窗口中点击鼠标右键，在弹出的右键菜单中选择【保存地图】。

5　保存工作空间

工作空间会保存用户在该工作环境中的操作结果，包括用户在该工作空间中打开的数据源，保存的地图、布局和场景等，当用户再次打开工作空间时，可以继续上一次的工作。

（1）鼠标左键单击【开始】选项卡的【工作空间】组的【保存】按钮，弹出【保存工作空间为】对话框（附图 20）。

附图 20　保存工作空间对话框

（2）鼠标左键单击工作空间文件右侧按钮，弹出【保存工作空间为】对话框。保存当前工作空间为"我的工作空间"（附图 21）。

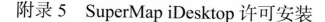

附图 21　保存工作空间

附录 5　SuperMap iDesktop 许可安装

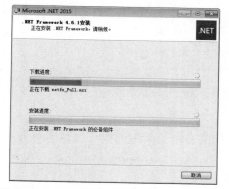

附图 22　Microsoft .NET Framework 安装过程

（1）查看安装该软件的计算机环境，是 64 位还是 32 位操作系统。

（2）根据操作系统，选择对应的软件版本（64 位或 32 位），然后解压缩该文件。

（3）打开解压后的文件根目录下的 Bin 目录，然后双击 SuperMap iDesktop.exe。

（4）由于软件运行需要依赖 Microsoft.NET Framework，因此在启动时会自动检测计算机环境中是否有相应软件，如果没有则进行自动安装，安装过程如附图 22 所示。

(5) Microsoft .Net Framework 安装完毕后，再次双击"SuperMap iDesktop.exe"，选择【配置许可文件】，并点击【确定】，出现安装驱动提示对话框，点击【是】进行许可驱动安装（附图 23 和附图 24）。

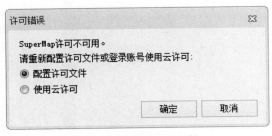

附图 23　配置许可文件

附图 24　安装许可驱动

(6) 安装完毕之后，生成 SupeMap 许可中心，如附图 25 所示，直接关闭即可。

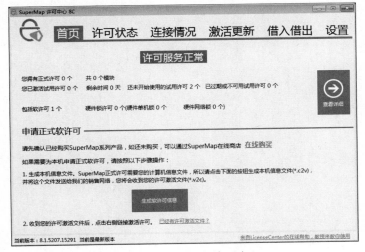

附图 25　SuperMap 许可中心

(7) 再次点击 SuperMap iDesktop.exe，即可正常使用。